RULES FOR A KNIGHT

騎士の掟

勲士トマス・レミュエル・ホーク
最期の手紙

イーサン・ホーク 著
ライアン・ホーク 挿絵
大久保ゆう 訳

著者印税は学習障害のある若者たちを支援する団体へ寄付される

M L
I C
RISK LOVE

目次

編者まえがき

この手紙が発見されたのは、一九七〇年代初め、オハイオ州ウェインズヴィルほど近くにあるわが一族の牧場の地下室で、曾祖母の葬儀を終えた後のことだった。どうしてそんなところにあったのか、果たして本物なのかについては、まだ定かではないところがたくさんある。とはいえわが一族の主張としては、コーンウォールの貴族ホーク家、特に勲士《サー》トマス・レミュエル・ホークに直接ゆかりあるものだと考えたい。その貴人は一四八三年の冬、スロータープリッジの戦いで斃《たお》れた三百二十三人のうちのひとりだった。この手紙と掟の文言はもともとケルノウ語で書かれていたが、発見時には傷みも激しかった。そこで不肖わたくしイーサン・ホークがつなぎ合わせ、手を加えて復元したが、その下敷きになったのはミズーリ大学セントルイス校のリンダ・ショー博士の手になる逐語訳である。なるべく当時のままの雰囲気の再現に努めつつ、自分の子どもたちにもその手紙がわかるよう心がけたつもりだ。誤りが目についてもどうかご容赦願いたいが、その間違いは勲士トマスやショー博士のせいではなく、わたくしの至らぬところだと断っておく。勲士トマスの思いを伝えようと頑張ったものの、自分ではうまく言い切れないところでは、数多《あまた》の騎士の文から語句の表現・言い回しを借用している（その名前は巻末に掲げさせてもらった）。挿絵も本文とともに発見されたものだが、妻のライアン・ホークの手で復元・アレンジされてここに収めてある。ホーク家は元来ホーカー家といい、〈ホーク〉つまりタカやハヤブサなどの猛禽類とともに営んできた家系だった。わが一家も鳥類とともに生きた長い歴史とともにある。

E・H

コーンウォール　一四八三年

わが愛しの子どもたち
メリローズ、レミュエル、スフェニルド、アイダメイへ

暗い風がわが耳に秘密をつぶやくのを聞きながら、今夜わたしはお前たちに手紙を書いている。このささやき声は恐怖から出たほんのまぼろしだろうが、もはや正直に言おう、おそらくこの父がもう一度お前たちの顔を見ることとはあるまい。

コーダーの領主とのこの戦《いくさ》は今が山場で、なればこそそのちの世の平和を生きて享受することはあるまいという思いも強くなった。聖ファーガンス原野の戦いをかろうじて脱してからというもの、お前たちに大爺様《おおじいさま》の〈掟〉一

覧をどうしてもゆずり継がねばならぬという義務感に駆られ始めた。その掟さえあれば、わたしが面と向かって教えられなくなろうとも、お前たちの教育に役立つはずだ。それから大事なことだが、メリローズ、スフェン、アイダ、お前たちもこの掟を心得としてほしい。この心得はわたし、つまり騎士になろうと旅をしている若い男に向けて書かれたものだが、向上心あふれる貴婦人にもきっと正しく当てはまるからだ。

明日の戦《いくさ》から無事に帰郷できるならそれに越したことはないが、万が一にも叶わず、それでもわたしの声を頼りたいときには、いつでもこの手紙に向き合ってほしい。どうか子どもたちよ、この父の時ならぬ死を、いや人生がもたらすいかなる逆風も、くれぐれも自主自立しない言い訳にはしてくれるな。

アイダよ、今日この日七月二十一日で、お前の齢《とし》はほんの四つで、わたしの懸念が当たってしまおうものなら、父のことなどおよそ思い出に残らぬままとなろう。このことを父はたいへん残念に思うが、ほかの子らにしても、時に怒ったり励ましたりしてくる大男程度としか知らぬだろうし、あるいは就寝の折に母へ話しかけている声があったなと思うくらいであろう。この十年あまりにせわしなく働いて旅で家を空けることが多かったせいで、お前たち子との時間をすっかり過ごし損ねてしまったようだ。今となっては痛手である。お前たちの成長をずっと楽しみにしてきた上に、そのうち互いのことをもっと深く知れるものと思っていたというのに。

今夜お前たちと分かち合いたいのは、わが人生でも特にかけがえのなかった物語や出来事、一瞬一時のことで、だからこそお前たちの心のどこか奥深いところにこの教訓は残り続け、この父の経験も生き延びてお前たちに用立つものとなってくれよう。

青年だったころのわたしは、どう生きていいかわからなかった。日が暮れるや友人たちと浮かれ騒ぎ、けんかを売り買い酒を飲み、一晩じゅうやりたい放題だった。産み落とされたときに母が死んでいたから、十代のころは自分の乱暴狼藉《らんぼうろうぜき》の言い訳とばかりに始終その悲しい出来事について怨み言をこぼしたものだった。時にはいささか反省しながら礼拝堂になぐさめを求めることもあったよ、自分や他人様《ひとさま》にもたらした痛み苦しみへの深い後悔で胸をいっぱいにしてな。わたしの魂はまさに荒れ狂う野生で、何のために自分が生まれたのか納得できない始末。生きる当てがないことに押しつぶされそうになって、折に触れてうつうつとし、まるで自分が鉛のかたまりで海洋の底に沈むような思いだった。それでいて生来の怠けぐせで、気持ちもあっけらかんと軽くなるものだから、そのままふらふらと流れてゆくのではないかと気がかりだったくらいだ。とうとう心の危機も大きくなって何も聞こえないくらいになった。そこで決心した。見つけられる限り最高の知恵者《ちえもの》を探し出して、そやつにいかに生くべきかを教えてもらおうと考えたのだ。

わが母の父、つまりお前たちには曾祖父に当たる人物が、そのころ故郷の地でも果ての果て、ランハイドロックを越えてペリント塚のほど近く、木々生い茂る丘の上に住んでいた。お前たちのひいおじい様は、かのアジャンクールの戦いで十一歳ながらヘンリー五世陛下の長弓隊の矢取りとして生き残った四名のうちのひとりなのだ。のちヘンリー王陛下おん自ら騎士の位に叙せられ、コーンウォールじゅうから広く敬意を集めたその祖父は、頑強な肉体で前歯に大きな欠けのある男だった。それまで祖父に会ったことはひとにぎりの機会しかなかったのだが、どうも父とのあいだがこじれていたかららしい（レミュエル、お前はこの大爺様のことを覚えているな。お前に木でできた短刀のおもちゃをやろうとしたら、お前が「まるでミイラみたい！」と大声で言うものだから、大爺様も笑ったよな）。

戸口にたどり着いたわたしは扉を叩いた。声が返ってきたので厚かましくもわたしは言ったものだ。「誰しもがおん身をこの地最高の賢者という。どうかオレにいかに生くべきかご教示願いたい。なにゆえオレは人を騙しモノを盗むべきではないのか。いかにして激しく襲いくる恐怖をしりぞけるのか。なぜにオレはこんなにも身も心もちぐはぐなのか。どうしてオレはすべきでないとわかっていることをしてしまうのか。オレは弱いのかそれとも強いのか。優しいのか残酷なのか。今までどちらのこともやってきたのだ！　善きことと悪しきこととの分別も本当にわかってさえいない。事の正邪についてもだ。そのうちの何がどう大事なのだ。オレの知る誰でさえもが、もうじきに腐りゆき、虫の餌になって土に還るというのに！」

その翁《おきな》は言う。「茶でもいかがかな？」

「ああ」と返すものの、わたしはこちらの言ったことが伝わっているのか不安になった。

「ならばしばし座るがよい」

落ち着かないが、言われた通りにした。

わが祖父は青い器《うつわ》を二つ置き、一つだけに茶を注ぎ入れるのだが、ふちがいっぱいになっても手を止めなかった。注ぎに注いでとうとう熱い茶がこぼれて机全体をおおい、床にまで跳《は》ね落ちる。

「何をするか！」と叫んで跳《と》び上がるわたしの足は、熱い茶がかかって火傷《やけど》せんばかり。

「そなたはまさしくそのあふれ出た器だ」とわが祖父が言う。「そなたは何も持ちこたえられぬ。限度もわきまえず四方八方に飛び散り、触るものをみな焦がしてしまうのがそなただ」

わたしは相手を見据えた。

「この器を見よ」と相手が指し示したのは、白い敷物の上で穏やかにたたずんでいるもう一つの小さな青磁の器だった。「この器は充《み》たされねばと焦《あせ》ってはおらぬ。ぐっとじっとからっぽのままたたずんでおる」そろりと少量の茶を器に注ぐ。「そなたはこうおなりなさい」と告げて、にやっと口元をほころばせ、二つめの青い器からゆらゆら立ち上る湯気の手真似をする。「そなたの問いへの答えはいずれあろうが、いまだ穏やかでもからっぽでもないというなら、けして何も身につかんだろうて」

肩の力が抜けるのを感じたわたしの顔に、微笑みが浮かんだ。

「正しい場所に来たことは確かなようだ」と安堵する。

「ふうむ」とわが祖父は声をくぐもらす。

長い沈黙があった。

「来てくれて嬉しいぞ、トマス」と、その知恵と年月をたたえた青い目でわたしを射抜く。「そなたがこの戸口に顔を見せてくれればと長らく思っておったし、わしもそなたを喜んで騎士見習いとして迎え入れたい。そなたがよければの話だが。ところでまず知らねばならんことは、そなたはどこへ行かずともよいということだ。そなたは今もずっと正しいときに正しい場所におるし、これまでもずっとそうだった」

　そこで言葉を切り、こちらをさらにしげしげと見つめてくる。「知っておるか、なにゆえアーサー王の騎士たちが、スコーフェルの峰を目にできなかったか」

　わたしは知らないとかぶりを振る。

「なぜならば」――と優しく微笑み――「それこそ一同の立っている場所だったからだ」


　十七のとき、わたしは大爺様の見習い従者に取り立てられた。見習いと言えるほど年若《としわか》でもなかったが、騎士道について学ぶことがたくさんあった。そして初めに与えられたものこそ、その〈騎士の掟〉と題された小さな手書きの一覧表だったのだ。

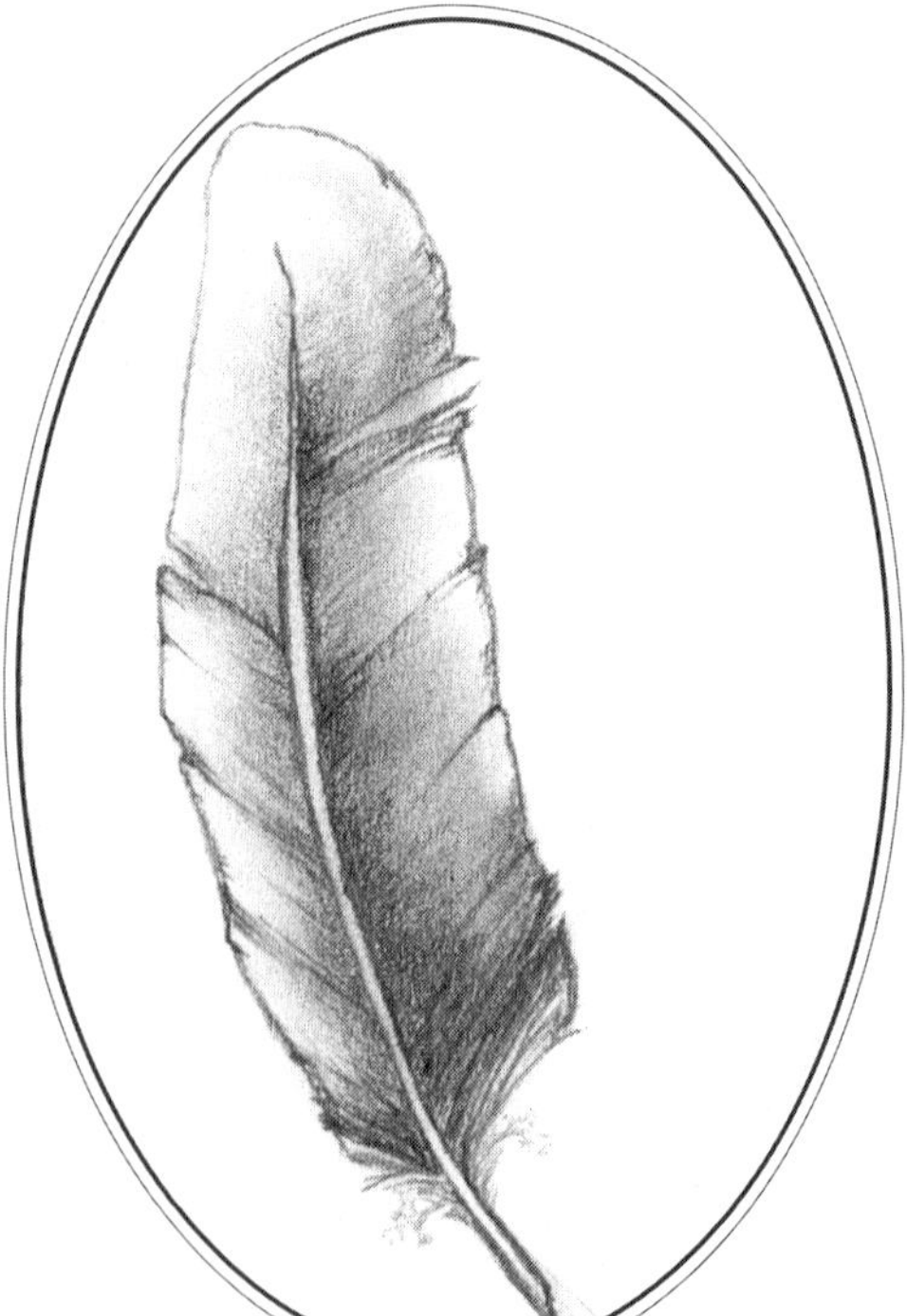

1

孤高

ひとりきりの時間を作ること。すっきりした頭でいい考えを思いつきたいときには、静かにするのも名案だ。心の声は穏やかで、やむなく他人と競うような際でも、誰かに聞かれることはない。波立つ水面には自分の顔が映らないように、心についてもまた同じ。静かであれば、自らの内に眠る不滅なるものさえ感じられる。

蒸し暑い八月の夜のあるときのこと、大爺様とわたしは海辺で野営をした。大爺様いわく「戦《いくさ》の仕方を教えはするが、知っておいてほしい——真の戦いとはわれらみなの内に棲まう二匹のオオカミの争いなのだ」

「二匹のオオカミ?」と聞き返すわたしは、たき火のそばの枯れ丸太に腰かけていた。夜空にそわそわとゆらめく炎にわたしの目はくぎづけだった。

「一匹のオオカミは悪」と大爺様は話を続ける。「それは怒り、ねたみ、ごうつくばり、威張り散らし、自分への甘やかし、罪悪感、うらみ、劣等感、ごまかし、思い上がり」ここで言葉を切り、枝葉をそぎ落とした長い棒で火元をかき回す。

「もう一匹は善。喜び、愛、希望、落ち着き、謙虚、いつくしみ、赦《ゆる》し、共感、度量、誠実、思いやり、信心」

わたしはそこここにしばし思いをめぐらし、そのあとおずおずと訊《たず》ねた。「どっちのオオカミが勝つのです?」

星空のほうへ火の粉がゆらゆら舞い上がるなか、ぎらつく炎を見据えながら翁は答えた。「おのれの餌づけしたほうが勝つのだ」

2

謙虚

自分は騎士だと威張らずに、ただひたすら騎士らしくふるまうこと。自分は誰かより偉いわけでなく、また誰も自分より偉くはない。

鍛冶職人なしでは、騎士の剣《つるぎ》もこなごなに砕けてしまう。大工がいなければ、貴婦人の馬車も壊れかねない。石工のいない城は崩壊だ。針子がいないと王様も道化《どうけ》よろしく裸で馬に乗って教会へ行くことになる。生きとし生けるものみな、互いに支え合っている。もしミミズがいなければ土壌はやせて作物も育たず、われらも死んでしまう。自分が周囲のものみなに支えられていると理解しているからこそ、騎士は何よりも優しい。自分にはおおぜいの友人が必要になるとわかっていれば、しっかりとした礼儀作法がささいなことでなくなる。礼儀正しくすることは、人間みな平等だと日々考える行為の一環なのだ。騎士はいつも「お願いします」「ありがとう」と言葉を添える。

ひとりで戦《いくさ》に突撃したりしない。その優しさと思いやりと謙虚さが旗となって、多くの人を集わせる。

大爺様にとっても、この謙虚というのが気高い生き方に不可欠な点だった。謙虚であるとは、はるか大きな世界の存在を考えた上で自分を見つめられるかどうかだ。星々は気高い。こちらから見える見えないにかかわらず、いつも堂々とそこにある。三月の雨降りのあとの湿り気をふくんだ根の張りやすいやわらかな土壌、そういうものを目指しなさい。

「謙虚であれ、謙虚になれ」と大爺様はよく言ったものだ。「騎士がもう学ぶことは何もないなどと思い上がってはならん」さまざまな用向きでともに馬の背にまたがるその途上で、大爺様は話をするのが好きだった。わたしに教えさとすのみならず自分にも言い聞かせる趣があった。

「他人《ひと》が話すときには耳を傾ける」これが一貫して強調する点だった。「自分が聞かれ理解されたいと思うのと同じようにだ。さすれば他のみなもそうしてくれよう」

富裕な一族の末子として大爺様は、およそ自分の兄弟姉妹が地位身分のはき違えで心を持ち崩すさまを目にしてきた。世の中が自分に何でもくれるものと思い込んで、実際にそうならないとみなあからさまにがっかりする。たとえば冬至節《クリスマス》にもらった丈夫な小格馬《ポニー》をありがたく思うこともせず、雄の駿馬《しゅんめ》をくれなかったとがっかりしたという。

「金持ちの子ほど自分の世話のできぬ輩《やから》はない」と大爺様は口癖のように言った。「押しては返す海洋、昇っては沈む太陽、めぐりめぐる季節、満ちては欠ける月、それだけでは足りんというのだ、やつらは」

「しかしおん身はどうなのです?」と一度訊《き》いたことがある。「おん身も金持ちの子でしょうに」

「ふううむ」とうなる大爺様。「金の大半を失《うしの》うてありがたいくらいだ。船の難破でなくなるくらいの金ならそもそも自分のものでなかったのだ!」

と鞍を手で叩いてひとりほくそ笑む。「何も望むな、さすれば何もかもを楽しめよう！」

わたしたち一行は十二人で隊列を組み、ホグィル高原のごつごつした岩場を馬で越えていた。昼前には、三手に道の分かれる難所へとさしかかってぃた。上の道を選べば見事な景色で美しいが足場が悪く坂も急だ。下の道はゆるやかな下りだが見えて泥くらいだ。中の道はその中間で上りもあれば下りもある。大爺様がみなを引き連れたのは中の道だった。足取りがおぼつかないところもあったが、その選択を思い出してはいつも救われた気持ちになった。

わたしの乗る小格馬は大爺様の駿馬トライアンフの真後ろについてゆっくり進んでいた。

「ヘンリー五世陛下からたまわったお言葉で、最高の至言は何でしたか？」

とわたしは訊いた。見習いになりたてのころは質問が止められなくてな。

「ほどほどの成功」というのが大爺様の返答。

「どういうことです？」

「かの大君に最後に会ったとき、わしはまだ十六で、こうお言葉をたまわった。『そなたはほどほどの成功をするがよい』」

「意味がわかりません」

「わしもそのときはな」と大爺様は目くばせをした。

その春の朝は引き続き七曲がりの道を上り下り、とうとう乗ってきた馬ののどもからからになった。するとふと大爺様が清らかなホグィル河の岸で歩みを止めて、下の流れにいるミノウを指さす。

「この小魚の群れがゆうゆうと泳ぎ回るさまが見えるかね？　いとも幸せそうであることに」

ふるえる銀のミノウをただながめつつ、ひとり大爺様は口の端をほころばせる。従者を始めたころは、ひょっとするとただのおかしな老人なのではと思うことがよくあった。確かに変わり者ではあったな。

「おん身は魚ではないのに」とわたしはやんわりつつくような質問をする。「魚の幸せたるゆえんがどうしてわかるのですか？」

背の後ろにいる一行が声を上げて笑ったので、わたしは厚かましくも得意な気持ちになったものだ。

「そなたは見習いでわしは騎士だというのに」――と大爺様が谷のほうへ向き直り――「わしが魚の幸せたるゆえんがわからんと、どうしてわかるのかね？」

「なるほど道理です」とわたしも話を続ける。「ただ、つまらぬ見習いたるわたしには、おん身のような名高き騎士の知るところはきっとわかりもしないがゆえに……騎士たるおん身は小魚の思うところなどわからない、とはならないでしょうか？」

ますますずうずうしくなるわたしに、なるほどと一行もにやりとする。

「しばし待たれよ！」と大爺様はトライアンフから下り、だしぬけに深靴《ブーツ》と靴下を脱ぎだす。「さて最初の問いに戻ろう。そなたの言い分は、魚の幸せたるゆえんがどうしてわかるのか、だったな。そう問うた時点で、わしに魚の幸せたるゆえんがわかっていることが前提になっておるぞ！」

わたしは不意を突かれてしまった。

「ほれ」と続けながら大爺様は、そのしわ寄った足をそっと冷たい水につける。「おのれの悦びを通してなら魚の悦びもわかるぞ。みなで同じ河を泳ぐとしよう」

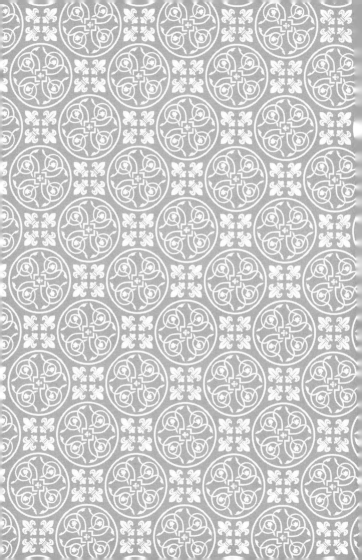

3

感謝

授かった生命を営むなか、そのことに知恵ある者として唯一できるお返しは、感謝である。これまであったすべてのことに、騎士は「ありがとう」と言う。これから来るあらゆることに騎士は言う、「よし！」

騎士修行の一年目、わたしはひどく歯が痛んだ。秋の長い午後を使って大爺様とわたしは草原で馬用の柵を立てていた。どうにも穴が掘りづらくて始終ぼやいていたのだが、それもきつい歯痛のためだった。両手で大つちを振って杭《くい》を硬い土へと叩き込むたびに、歯が爆発しそうだと愚痴をもらす。わたしは大爺様に話した。「歯がこんなにずきずきしなけりゃ、何もかも完璧でこの仕事も楽しめるのに」

数ヶ月のち冬になり、大爺様とわたしはさらなる大工仕事にいそしんでいた。今回は裏の馬小屋で、古くなった仕切りの修理だ。午前ちゅういっぱいかかったので、身を切るような寒さを呪いながらわたしは、指がかじかんでかなわないとまたぼやいていた。すると大爺様が訊いてくる。「歯のほうはどうだね?」

「ええ、大丈夫です」と言うわたし。

「ならばよし!」とにやり笑う大爺様。「今日はすばらしい日になるはずぞ!」


毎朝の平穏、友情という確かなきずな、雪合戦、肌に触れるあたたかな水、腹がよじれるまで笑うこと、上出来な仕事、ひとりで目にした流れ星——こんなささやかな喜びこそ大きな幸せ。嬉しい気持ちはややこしいものならず。

4

誇り

けして騎士でないふりをしないこと。また自分を卑下しないこと。そのほうが相手も気楽になると思っているかもしれないが、自分の最善を見せることこそ、相手への最大の敬意になるのだから。

威張り散らすのは自信のなさが原因だ。誇りとは異なる。誇りのもとは、気位《きぐらい》と矜持《きょうじ》と自尊心だ。わたしたちはみな、確固たる自分という眼鏡を通して世界を見ている。自尊心が低ければ、なすことすべてその影響を受けてしまう。人生の要《かなめ》は他人に尽くすことだが、それなりの自尊心がないと、時には朝食をこしらえることさえ難しくなる。

騎士は自分の書く字に誇りがある。自分の鞍から靴や武具に至るまで状態をたえず点検する。自分の装備、相棒の生きもの、自らの身だしなみもしっかり整え手間をかける。自分の行李《こうり》は自らかつぐ。靴の編みひもはきつくしばる。騎士はいつも時間きっかりで、他人様《よそさま》の時間にもだらしなくない。天国に持ち込む汚点もいっさいなく、できうる限り天国と同等の地上を作らんとして今ここにある。騎士には無類の奉仕の心があり、訪れた場所はみな来たときよりもきれいに整えて去ってゆく。その身の回りに、当人の心のあり方が反映されるのだ。

ごくささいなことにもたえず気を配れば心も鍛えられて、よく気がつくようになり真心をもって事に当たれる。騎士は自分の火打ち箱のしまい場所も心得ていて、懐の裏地をしめらせたまま取り出すなんてこともない。騎士ならば矢筒にあと何本の矢が残っているか教えるまでもない。責任感に加えて、感知と自覚こそおのれの味方。粗忽怠慢こそ自らの敵。心が先々を向いているのではない。今〈やっている〉ことに自分がしっかり結びついているのだ。

大爺様の息から煙管《パイプ》の残り香がいまだ感じられる。その両の腕がわが身に回され、頬と頬が触れ合い、果たして弓と矢のつがえ方を教わっている。

「誇りを持て、思い上がるな。背はまっすぐ、面《おもて》を上げよ。ゆえあってここにある者として立て」

わが身におおいかぶさりながら、師はそっとふっとわたしの姿勢を正す。重なるふたりの手で弓が構えられる。「撃った先を考えるな。褒美欲しさに撃つなら射手も身がこわばる」手袋に包まれるかのごとく手が重なったまま、ふたりで矢をつがう。

大爺様の身はゆるくも硬くもなっていないと、肌でわかる。引きしまりつつしなやかだ。「撃つ際に力みすぎると眼路《めじ》が割れて的が二つに見える」とささやき声。ふたりで弓弦《ゆづる》を後ろに引く。「そなたの腕前に変わりはないが、褒美が頭によぎれば遠くなる」ふたりの目の先は一体となり、矢が三十歩先にある大楓《シカモア》の幹の黒ずんだ節《ふし》を捉える。「的のことより褒美を考えては、勝ち取らねばと意識して騎士も力がすり減ってしまう」

すっと、気づかぬうちに大爺様はわが身から離れていた。ひとり立つわたしは腕を引いたまま、矢も位置にある。

「心を無にして放せばよい」

しっかり訓練して最善を尽くし命中させれば、誇りは自ずからついてくる。

5

協調

みなそれぞれ自分の道を歩んでいる。生まれた時や場所も違えば、その試練もまた異なる。騎士として差異をわきまえ尊《たっと》ぶことは、みなの力を合わせて全力を発揮させられるかの要になってくる。強引なやり方も緊急時にはある程度やむをえないが、本当に人を導けるのは正義・公平・協調だけである。兄弟のごとくともに生き、ともに働かねばならぬ。さもなければ愚か者としてともにのたれ死ぬだけだ。

大爺様が見習い騎士の青年をもうひとり取り立てたのは、ほどなくのことだった。名をロウン・ショーン・ハミルトンといった。髪と瞳の黒いアイルランド人で、機敏で力強く知恵もあって気さく、しかもとびきりの美形だった。孤児だという。大爺様はわたしよりこの青年のほうに手をかけていると思えることもしばしば。わたしも手練れの剣士になりつつあったが、ロウンのほうが動きも素早く力も強かった。騎乗の得意なわたしだったが、ロウンのほうがさらに上手《うわて》だった。そのころ道を下りた先にコーディリアという若い貴婦人の住まいがあって、わたしもそれなりの齢《よわい》になればきっとコーディリアと契るのだろうとずっと懸想していたものだ。相手もこちらに惹かれている、という自信があったのだが、それもロウンが一つ屋根の下に住み始めるまでのことだった。この青年に対する貴婦人の愛は、たちまち明らかだった。

わたしはもだえ苦しんだ。初めはロウンに好感を持っていたが、付き合いが長くなるほど、こちらを踏みにじらんとしているのではと思うようになった。優れたところを見せつけて凡人のわたしをあざけっているのだと。あるときあえて粗相をしでかして（といってもその内容はどうにもお前たちには明かせないものなのだが）、わたしは大爺様に家畜小屋に叩き込まれ、顔をしたたか平手打ちされたことがあった。「どうしてそんなことをしたのだ」と問い詰められたので、

「何事もあいつのほうが上なんです」とわたしはそっけなく答えた。

「まさか」と大爺様はものすごい形相で、「ふたり相並び立たぬとでもいうのか！」

数週間ののち、大爺様はある大事な任務で呼び出された。イーストン公の率いる反乱の鎮圧と、人質として捕らえられているフィリップ・トレローニ様とその子女の救出だ。ただし大爺様としても内心ではロウンとわたしを連れて行きたくない。ふたりともまだほんの二十一だった。戦《いくさ》に身ぶるいしてはやるあまり、ふたりとも留守居を頑として聞き入れなかった。

トレローニ救出は大爺様発案の大胆な作戦で成ったものの、ちょうどその夕暮れ時にかの地獄岩の真南セッジムア川のきわで、勇ましき青年ロウンは討たれた。イーストン軍の矢が首の裏から刺さり、表まで突き抜けたのだ。

それまでの嫉妬がどこまでも時間の無駄だったとわかった。着実と言えば聞こえがいいが、普段のわたしはいまだ成長の遅々たる剣士、それでも乗馬術はゆっくりながら向上していた。コーディリアも今度はうちの馬番の倅《せがれ》に恋をしている。忘れられないロウン、彼が優秀だからといって、わたしがばかにされているわけではない、そう気づいてももう手遅れだった。彼がいたからこそわたしは奮起して強くなれたのだ。残酷にもその死のおかげで、わたしはこの教訓を心に刻めた。セッジムアの輝く夕焼けのなか瀕死で息もできない彼の姿が、今も頭に浮かぶ。

その夕暮れにわたしが学んだのは、雨は何にもへだてなく降り注ぐということだ。嫉妬ばかりか、恐怖や怒りは、騎士の第一目標である〈穏やかな心〉の障害となる。騎士なら鍛練を積めば、ありのままくもりない心が育める上に、直感に従ってゆうゆう自然と動けるようになる。〈才能〉とはただの授かり物にすぎないと気づけば、謙虚なふるまいができる。他人のなかに見える〈才能〉とて、この森羅万象の一つの現れ方にすぎないと捉えてもいいではないか。自分と他人を比べても生まれえるのはいつも二つきりだ、うぬぼれか悔しさ、いずれにしても値打ちはない。

ロウンの死のあと衝撃と悲しみが落ち着くひまもなく大爺様とわたしは、

カレーの決戦の増援としてフランスに急ぎ渡った。その数日後、わたしは騎士に叙された。そのこともわたしの思いを裏切るものだった。自分としては大爺様と同じように王の手で騎士に叙されるのが理想だったが、わたしごときの夢に構っていられるような状況ではなかった。やむをえず戦場にてフォークストンの司教から騎士になる儀式を受けたのは、フランスの騎士は打ち負かされても雑兵《ぞうひょう》には降伏しないからで、そうすると相手を捕虜にできる騎士格のイギリス兵がどうしても足りなくなってくる。そこで二十一の齢でわたしは騎士となったわけだが、ロウンの喪中であるから、祝ういわれを感じられなかった。

帰郷してからもわたしは、大爺様のもとで誇り高きランハイドロック騎士

団に引き続き仕えることになった。ここで知遇を得た一団は、これまで出会ったなかでも第一級の人たちばかりで、一同を友と呼べることが実に誇らしい。明日の朝もその多くとともに出陣する予定だ。

6

友情

およそ人生の正味とは、一緒に時間を過ごすと決めた相手次第である。

騎士に叙された当初、ランハイドロック騎士団の総員は五十名を超えていた。ところが翌年、のちにロストウィジエルの戦いとして知られるあの壮絶な六日間を生き抜いたのはわたしもふくめて十七名しかいなかった。あの短いながらも地獄のような一週が終わったあとの数ヶ月間、わたしたちは〈勝利〉の後始末にかけずり回り、死者の埋葬から負傷者の手当て、消火活動に家屋の再建や近隣農場の修繕に至るまでさまざまやった。

ある日、聖ブレヴィタ教会の塔のそばに人だかりがあって、その中心に重い病気になった八、九歳ほどの子どもがいた。熱でほとんど目も見えずひっきりなしに泣きじゃくっていた。このとき初めて知り合ったのが勲士《サー》リチャード・ヒューズ、うちの団に新しく加わった騎士で、丸いおなかと褐色の目をした人物だった。この小さな子を癒やしてくれるよう呼ばれて来たのだが、この勲士リチャードがこの少年に手をかざして、落ち着かせるよう穏やかな祈りの言葉をその子の耳にささやいたときだった。人だかりのなかから疑《うたぐ》り深い輩《やから》が、いまだウォリック伯に忠義を示すためか、その様子を見て大声で叫んだ。そんな古くさい癒やしの呪文やちゃちなまじないが効くとでも思っているのかと冷やかしたのだ。町民全員を前に勲士リチャードは答えた。

「あんたは物知らずのばかもんだ」すると笑いものにされた輩が怒って顔を真赤にし、恥をかかされた憤《いきどお》りで手をふるわせる。そしてそいつが気を取り直して叫び返すか拳で暴力を振るうかする前に、勲士リチャードが言葉を重ねる。「少しの言葉にこんなにも他人《ひと》を怒らせる力があるのなら、どうして癒やす力もないと言えるのかね?」

みなおわかりの通り、この勲士リチャードはわが親友となる人物だ。何事にも如才ない男で、男にも女にも人当たりがよく、お歴々とも市井の人々とも楽しく付き合える。たいこ腹にぷっくら短い二の腕、まるで人なつっこいヒグマのようだった。

忘れるな、友とは気の置けない間柄《あいだがら》のこと。友がお前を愛してくれるのは、お前が自分に正直だからであって、お前が友にうなずくからではない。尊大なふるまいをしないよう用心しなさい。友情の中核になるところは生きる日々の活動のなかで培《つちか》われるのだから。

いつもこちらを落ち着かせてくれる騎士・貴婦人は、騒乱混迷の時期にも頼りになる仲間だ。しかしおそらくそれ以上に大事なのは、何かいい知らせがあるときに思わず伝えに行きたくなる相手もまた、よき友だということだ。説明は難しいが、友が傷ついたり悲しんだりしているときに寄り添うのはある意味ではたやすいことである。ただし、とんでもない幸運が友に舞い込んだのに自分はそうでないとき、それでも真心から寄り添うというのははるかに困難なことなのだ。

ウォリック伯敗北後の時期に、わたしは王から勲章をたまわった。わたしをいちばんに肩へ担ぎ上げたのは勲士リチャードだった。ほがらかに笑う彼の赤ら顔は、本物の喜びに輝いていたよ。

7

赦し

広い心で赦せぬ者にはあまり友がいない。他人も自分もそのなかのいちばんよい点を探すことだ。

どんな大騎士にも弱るときがある。おそらくお前たちも同じだ。峰があれば谷もある。失望して自分を腹立たしく思うかもしれないが、そうした感情は過ぎ去るのを待つことだ。木から落ちる枯れ枝がのちには朽ちて土壌の養分となるように、落ち込み沈んだ気持ちも変化と成長のもとへと変わりうる。お前もあやまちを犯すだろうし、お前が愛する人々もあやまつことがある。だが忘れるな、最低のところでなく最高のところで自らを判断するのだ。気の持ちよう次第で〈成功〉の尺度がいともたやすく変わることを騎士は知っている。

〈完璧〉な家族や〈理想〉の共同体を求めてはいけない。やるべきことを始めるに当たっては現状でじゅうぶんだ。北へ向かう際その目印として騎士は北極星を頼りにするが、別に北極星へたどり着こうというのではない。騎士のつとめはその方角へ進んでゆくことだけである。

レミュエル、お前が生まれてほどなくして、母さんとわたしはリズベス叔母さんを訪ねた帰りに徒歩でソルタッシュにさしかかった。そこで出会った若い領主はほんの九つか十くらいで、馬車が大きな泥だまりにはまったとかで横暴にも召使いたちに車内からわめき散らしていた。あのときはその若君の傲岸不遜《ごうがんふそん》に気分が悪くなって通り過ぎようとした。ところが母さんが立ち止まり、お前をわたしに手渡して泥水のなかを進んでいき、その若君を馬車から抱え上げて乾いた地面へと下ろしたのだ。たちまち若君は自分の召使い

に「グズどもめ！」とくさして、母さんにありがとうの一言もないまま、駆け足で屋敷に入ってしまった。そしてわたしたちはまた家路に戻ったわけだが、しばらく渋い顔をしてぶつぶつひとりごちたあと、わたしは口に出したのだ。「わからん、どうしてあんな悪ガキを助けたんだ？」

こちらへ向き直ると母さんは言ったよ。「あの子を下ろしたのはもう何時間も前だけど、どうもあなたはまだ引きずっているみたいね」

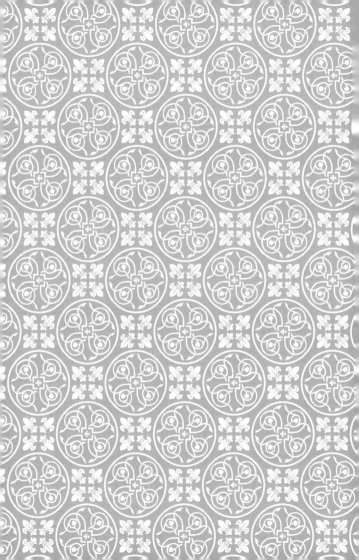

8

誠実

誠意のない言葉も不誠実な心も時間の無駄で、われらの人生までが無駄になる。みな成長するためにここにいるのだから、正しいのは生育のもととなる水・光・土である。うそ偽りという鎧は闇から巧みに作り上げられたもので、他人からだけでなく自分自身の魂からもおのれを包み隠してしまうのだ。

勲士リチャードとわたしが一介の若者として出席したある結婚式での話だ。弓術の腕比べが催され、さるウェールズ出身の若者が参加し、その友人が的から矢を集める係をつとめることになった。ところがこの〈友人〉は毎度そのウェールズ人の矢について、実際に当たった位置よりも中心に寄せて報告するのだ。しかも勲士リチャードとわたしがもう我慢ならなかったのが、このふたりの狼藉者は宴《うたげ》の終わりに腕比べの褒美を手に新郎新婦の卓でふんぞり返って大笑いし、周りもこのウェールズのいかさま野郎を見事な弓の技量で一位の栄誉を勝ち取ったと褒めそやしたことだった。ここでリチャードとわたしは世の不正にまたしても出会った思いであった。どうしていかさまが見逃されたりするのか？　なにゆえとんでもない連中が祝福されるのか？

「太陽は必ず昇るなどと徹夜で一晩じゅう他人を説得する必要はないのだ」

と大爺様が言ったのは、その前でわたしたちが不満を口にしたときだった。当時はその真意がわからなかった。そのときわたしも腕比べの褒美が欲しかった。自分はとても大剣士とは言えないが、それでも弓の腕前には自信があったから、ずるで負けたことに傷ついていたのだ。

　どうしてその褒美がむやみに欲しかったのか、理屈があったわけではない。射手としてのわたしの技量は、これまでにも幾度となくじゅうぶんに報われていた。一回一回の褒美さえ思い出せない。シチメンチョウ？　金貨？　それから十五年してそのウェールズ人が領民の手で縛り首にされたと知った。その正確な理由を教えてくれた人がいるわけではないが、わたしにもそのわけは見当がつく。

　そのいかさま男は、するべからずの一例としてわかりやすいが、真実を言えば自分や他人が傷つくからといって、もっとこっそりとうそをつく場合はさらに多い。苦を恐れるな。炎が熱ければ熱いほど強く硬い鉄が打たれる。事実は常に味方だ。少しの苦もないなら誰もわざわざ物事を学ぼうとはしない。種をまく前には土をよく耕さなければいけない。おおむね同じ意味合いで、時にはわたしたちもよくかき乱され引きさかれてこそ、思いやりや知恵や理解の種が自分のなかにしっかり植え付けられることがあるのだ。

騎士は真実を守るものではない。真実のなかに生きるからこそ、真実が守ってくれるのだ。

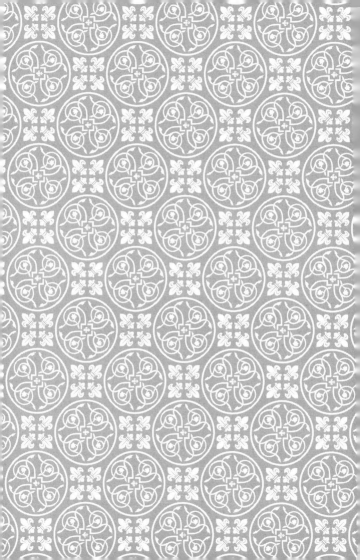

9

勇気

光もたらすものは灼熱にも耐えうる。

勇気とは、恐怖を乗り越える力であり気概である。恐怖を恥じることはない。その力の源があるからこそ、われらの心は油断なく構えられるし、気を引き締めることができる。恐れは闇で勇気は光、恐怖は呼び声、意気は返事。自分の勇気をつかもうともがきながら、騎士はおのれの息吹を頼みとする。剣技・弓術・馬乗——思いつく限りのつとめはいずれも、息吹の目覚めに支えられている。この森羅万象をつなぐ繊維で、生きとし生けるものを束ねるのだ。おのれの息吹に気を集めることで、その肉体に自分を宿らせるのも、直感を働かせるのも、はるかに巧みとなる。オオカミは言葉を交わさずとも、人間のことを必要なだけ感知できる。中核《かなめ》になるものをおおむね直感で捉えられるのだ。気を研ぎすませよ。知るべきことは大抵おのれの目前にある。隠されたものなどなく、人が気づこうともしないものがあるだけなのだ。

勇気について思いをめぐらせるなら、勲士リチャードのことを考えないわけにはいかない。大爺様から課せられたお役目で一等危険だったのが、川べりの町バロウの橋の防衛を任せられたときのことだ。およそ二十人からなる盗賊一党がコーンウォール南部のあちこちを荒らし回っていた。大爺様の見立てでは、北からこちらの里へと入ってくるという。念のため勲士リチャードとわたしを前哨としてバロウ橋に配置して、南側経路の守りも固めようという寸法だ。襲撃があった場合に火をつける薪も山と積んでおいた。こちらが襲われたことを狼煙《のろし》で知らせて救援を求めるのだ。そのまだ火のついていない薪が積まれていたのは、橋から五百歩ほど離れた丘の上だった。勲士リチャードとわたしが野営をしていたのもその地点である。賊たちの姿が見えたら火をつけてから橋まで駆け寄り、仲間の加勢まで渡らせないよう踏ん張るという手はずだった。ところが勲士リチャードはこの目算は万全でないという不安にすっかり囚われてしまって、発見が後手になれば事によると人殺しの賊連中が自分たちよりも先に走り着いてしまうではないかというのだ。「火を矢でつけたらどうだ？　ならもっと橋に寄れるか？　丘のふもとから薪に火がつけられるんなら、敵よりも絶対先に橋に着けるぞ」

　彼はそのことを夜も昼も繰り返し考えた。予行としてわたしたちは丘を駆け下りてみたが、地形としてはたいへん険しく、慌てると滑落しかねない。そのため勲士リチャードの憂《うれ》いはいちじるしく高まり、成否を運任せにするのは嫌だと言い出した。そこで丘から駆け下りる下稽古《したげいこ》もしつつ、勲士リチャードは矢を放つ練習にも取り組んだ。新しく長弓をこしらえて、それを手に何度も励んだ。足場としてしっかりした岩が見つかって、そこからなら正確に矢が放てそうだった。実際よく命中させていた。だが同じくらい外してもいた。彼は訓練を重ねた。

「どうしてそこまで気に病むのだ？　おそらくやつらは南から来んぞ」とわたしは言った。

「その〈おそらく〉という言葉が気に食わんのよ」というのが彼の返事だった。

眠れない彼。骨牌《トランプ》遊びでもしてくつろがせようとした。気を張りに張り詰めていたからだ。そうしてふたりして岩場から橋まで走る練習を一日五回、一日十回、一日二十回と行《おこな》うようになった。あのときが、いちばん身体が整っていたな。とはいえそれでもやつらが南から来るとは思えなかった。

ところが来たのだ。しかも意表をつかれて、四十匹近い猛犬どもまで付き従い走ってくる。やつらに旗印はなかった。

勲士リチャードとわたしは丘から飛び出す。橋の守りにつくため前に走るのがわたし。まさに火をつける役目があった勲士リチャードは、いつもの岩場に跳び乗り、その長弓で——慣れた動作で——練習通り矢に火をともしてそのまま放った。想定外だったのは犬どもの存在だ。そいつらが勲士リチャードに突っ込むさまは、ウサギを襲うオオカミのごとくだったが、それでも彼はひるまなかった。矢は宙を抜けて目標に命中、すぐさまぱちぱちと燃えだした。その煙は五十哩向こうでも見えただろう。勲士リチャードは抜け出して橋の持ち場に行こうとするも、十四以上もの犬が身体にかみつき攻撃してくる。わたしも自分の弓でおぞましい犬どもを何匹か射殺《いころ》したが、自分に仕留められたのはほんのわずかで、大半が彼に迫っていく。わたしも持ち場を離れざるをえなかった。この戦《いくさ》は自分の知るなかでも最悪のものだった。相手は残忍で、引き連れた獣どもも凶暴で、仲間が彼方から来るまではほんの一時間だったが、生きた心地のしない一時間だった。事が片付くころには、リチャードの左腕半分が千切れてしまい、いささかながら背中もえぐれてしまっていた。だというのに雄牛のような強靱さで奇跡的に一命を取り留めていたのだ。

ふるさとに帰って療養中の彼を、何度も見舞った。

「あの一発は、どうやったんだ?」とわたしは訊いた。「目の前であの犬どもがお前に襲いかかって……もう無理だと思いかけていたんだぞ！　あそこを通り抜けるだけでもいつも気を張っていたお前が！　あれだけ落ち着き払えるなんて、いったいどういう技なんだ?」

「だからこそあんなに練習したのさ」と笑いながら言う彼。「お前は骨牌遊《トランプ》びをしたがってたけどなあ！　……正直に言うとな、トマス」とここでわたしに顔を寄せて、「あれはお前のためだったんだ。もしオレがあの矢を打ち損ねたら……お前は死んでたも同然だからな。それから……一緒にオレも!」

あとで教えてくれたところでは若いころに、切迫するなかでも力が発揮できる秘訣を学んだのだとか。つまり、自分のためにはやらないこと。ほかの誰かのためにやることだと！

「そういえば、あんたの大爺様がいつも、無心になれってオレたちに言ってたな。でも怖くなったときにはオレ、愛する誰かのことをただ思うんだ」

この話をしながら思い出したが、メリローズ、お前はもう知っているね、ここでの教訓は勇気なのだと。勲士リチャードとアレクサンドラの結婚式でお前が詩を読み上げることになって、いかばかり不安になったか覚えているかい？　お前は眠っているときもうなされて寝返りばかりしていたよ。お役目はバラの花びらを撒きながら通路を歩いて、短い詩を人前で朗読するだけだったのに、失敗が怖くてぴりぴりそわそわしていた。お前はアレクサンドラにたいそう憧れていたから、彼女をがっかりさせたくなかったんだろう。お前はその詩を繰り返し練習した。母さんから言葉の呼吸を教わった。それは覚えているね？　まったく同じように大爺様は勲士リチャードとわたしに、矢を放つ際の呼吸を教えてくれたよ。その詩をお前は、それはまあ見事に読んだものだ。アレクサンドラも誇らしく思っていたよ。もちろんお前が彼女のためにやったからこそだというのは、よおくわかっている。

真の愛は、とこしえに燃える聖なる炎《ほむら》
その炎だけが持つ輝きは何にも翳《かげ》らず、その定めも不変
真の愛は、穏やかな声で話しかけ、優しい耳を澄ます
真の愛は開いた心で歩み寄り、真の愛は恐怖に打ち勝つ
真の愛は、荒々しく求めはしない　従えも縛りもしない
真の愛は優しい手でつかむのだ　愛の抱きしめるその心を

覚えているね？

10

寛容

寛容とは変化を受け入れる器のこと。ありのままをしなやかに。さすれば頑《かたく》ななものも砕ける。

意識してみよう。毛虫はその姿を変じる際、必ず激痛を被ることになるが、そのかたわら飛ぶ喜びを声に出すことは少しもしないということを。

習慣や日課など同じことがあまりに続きすぎると、頭も麻痺して易々《やすやす》と、眠ったままふらふら一生を過ごすことになる。ひとところに留まるものは何もない。すべては流れ、すべては転じる。

とはいえ動きすぎるのもだめだ。植え替えも過ぎるとリンゴの木も実をつけなくなるように、常に新しい城を築き続ける騎士は何も成し遂げられない。逆説を抱えた助言とも言えよう。つまり避けられない変化を受け入れつつ、変わらないままであり続けよというのだ。だが、よく生きるためには、時には一見対立する二つの真実を両の手に一つずつ持って、どちらも悠々と運ぶことが必要になってくる。万象は対立するものにも釣り合いを作る。われらには日も雨も、氷河も砂漠もなくてはならない。同じくわれらの内面では、避けられない変化を受け入れつつ、自らの土台を深く固めてゆかなければいけない。

娘たちよ、内緒にしてきたわが願いの一つを口に出そうと思う。お前たちの脚が少しふっくらしていますように、お前たちの鼻がちょっと曲がっていますようにと、そう祈ったのは、美しいと思われることほど若い娘を、頭の弱い気だるい怠け者にしてしまうものはないからだ。若者は男も女もえてして、美や富のあることを、努力も勉強もしない小人物であってもいい許可証のように扱ってしまう。運よく二十八かそこらまで歳が取れたとしても、甘やかされた俗物になるだけだ。幼いときはかわいくとも、大人になると底意地の悪い臆病者で、他人のおこぼれにあずかって生きることになる。

運動にいそしむのも、自身と協調性を育むには結構なことだ。男子にも言えることだが、婦女子にとってもすこぶる大事で、というのも生活するなかでかなりおろそかになりがちだからだ。この点を世間がせっついてくれることはまずない。

貴婦人は――もちろん紳士にとっても当てはまることだよ、レミュエル――自分の見目や他人様《ひとさま》の容姿のことを過度にかかずらったりはしないものだ。だらしなくはならないように、ほどほどに。身だしなみと清潔感は細やかに。その装いも謙虚の心が表れ出たよう。汚れなく飾り気なく、仕立てよく引き立つものである。約束についても貴婦人は信頼できる。取引でも信用できる。お歴々を見知るといった偽りのダイヤモンドには見向きもしない。

おのれをよく知り、自らの関心も自分の成長やその理想、そしていかに自分の行動でそれを示すかにある。その羽の赤みがいっそう深いからといって、コウカンチョウはマシコよりも愛らしいことになるだろうか？

成熟してゆくのだから、歳を重ねることについては気に病まぬよう。咲いたバラが目を惹くのは、二度と咲くことがないからこそだが、つぼみのバラもまた息をのむものであるし、秋の翳る花弁も同じだ。時は過ぎゆくという事実のために、かけがえのないものになるわけだ。美意識ばかりに心を奪われると気もそぞろになって、心の生き方を真摯に探究するという姿勢からは遠ざかってしまう。

われらはみな若さというわべの美に惑わされて屈し、もっと上へ上へと目指そうとしてしまう。だがそのときにはもう精神の世界へ向かう準備がされつつあるのだ。皺一つひとつが、自分たちのうぬぼれという殻のひびとなる。魂を飛翔させるためには、このうぬぼれなるものが打ち砕かれなくてはならない。

勲士リチャードとわたしはある昼下がり、馬にまたがってボドミア荒野の端にある農地を越えていた。彼は道で立ち止まったが、ある一家がこちらへやってきたからだった。その馬車は荷でいっぱいで、家財・家具そして三人の幼子がずっしり収まっていた。ちょうどそのころイングランドの政情が途方もなく乱れていて、こうしたものはよくある光景だった。

「すいません、殿方さま」とつぶやく一家の母親は、しかめ面で不幸せそうだった。「わたしどもは新しい家を探して旅をしております。この先の街のみなさんはどんな感じでしょうか？」

「あなたがたが出てきた街のほうはどうでしたかな?」と勲士リチャードは逆に訊き返す。

「ああ、ひどいものです。みんなうそつきで人を騙して、わたしどもはめちゃくちゃに不幸でした」と母親はいらだたしく言い、怒りと失望をあらわにした。

「ああ、そうとも」と父親のほうもうらみを込めて言葉をつぐ。「誰も優しくない。不愉快な土地ですよ。出られてせいせいしました」

「ふむ、こちらの街も似たような人たちばかりでね」と言いだす勲士リチャード。「残念ながらこちらでもみじめになるでしょうなあ」

「どうもありがとうございます」と父親は声を張り上げると、妻のほうへ渋い顔を向ける。「いい厄介払いだ!　このまま進もう」

幼い子どもたちはうんざりという顔をしていたが、馬車はごろごろ走ってゆく。

そののち暮れ近くになって、また別の一家が道を旅してゆくのが見えた。同じように家財と子で荷が埋まっていた。

「すいません」と一家の父親がわたしたちに声をかける。「わたしどもは新しい家を探して旅をしております。この先の街のみなさんはどんな感じでしょうか？」

「あなたがたが出てきた街のほうはどうでしたかな？」と勲士リチャードは前の家族に訊いたのと同じ言葉で問いかけた。

「ああ！　とても幸せでした！」と答える父親。「みんな優しくてあたたかくて」

「出たくはなかったんです」と言葉をつぐ母親。「おおぜい友だちもおりましたのに！」

「ふむ、安心めされよ。この先にはかたがたの友と同じような人たちがおおぜいおりますのでな」とリチャードは呵々大笑する。「きっとこちらでも幸せになれましょうぞ」

11

忍耐

そもそも一生に一度の機会などというものはない。はやる心は焦る心、はっきり見えず、くっきり聞こえなくなり、見たいものだけが見えたり、聞きたくないことだけ聞こえたりして、たいがいを逃してしまう。騎士は時をも味方にする。動くには期があり、凪《な》いだ心を持てばその時もわかる。

勲士リチャードは白の名馬を有していたが、その雄ウマの逃げ出したことがあった。友や隣人たちは心からお悔やみを告げた。「災難でしたね！　さぞおつらいでしょう」

彼の言葉はあっさりしたものだった。「いずれわかる」

一週間ののち戻ってきた馬は、そろって目の覚めるような雌ウマ二頭を連れていた。勲士リチャードの友や隣人たちは言った。「おやまあ、もうけものですねえ！」

またも勲士リチャードの返事はあっさり。「いずれわかる」

一ヶ月が過ぎ、リチャードの長男ジョナサンがその新しい馬の一頭から振り落とされ、脚を折ってしまった。ジョナサンは嗚咽したが、確かに痛みによるところはあるものの、むしろもう騎兵隊の戦友たちとともに乗馬できそうにないからこその叫びだった。

「おたくの倅《せがれ》さん、えらい目にねえ」と誰もが嘆いて、勲士リチャードになぐさめの言葉をかけた。「ひどいめぐり合わせで！　かわいそうに倅さん、本当にお気の毒にねえ。ひどく落ち込んでらっしゃるでしょうに」

またもや勲士リチャードの返事はあっさり。「いずれわかる」

その翌月、ジョナサンのいた騎兵隊の若者たちは北部フランスで待ち伏せされ、皆殺しにされてしまった。隣人たちはわが友のところへ訪れて声をかけるのだ。「倅さん、隊の唯一の生き残りですってね！　まあ運のいいことで！」

「いずれわかる」と彼は返す。

覚えておくといい。陽が沈まないこともありえるし、地が自転することもありうる。誰にも絶対確かなことはわからないが、一つだけはっきりした真実がある。物事は必ずしも見たままではないということだ。

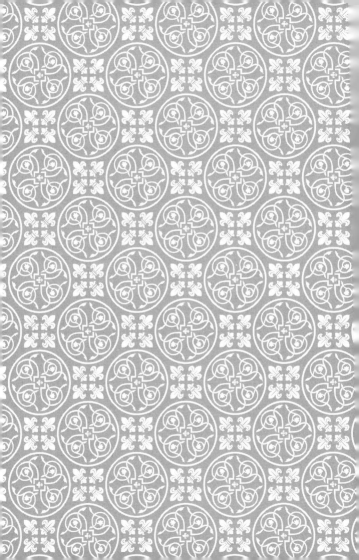

12

正義

騎士にも我慢できぬことが一つだけある――不正だ。真の騎士ならいかなるときも人間の尊厳のために闘うものだ。

ウォーレガン川ほとりの小さな漁村で、ひとりの女が衣服を洗っていると、目の前の川によるべない仔ウシが流されていく。洗濯を投げ出して水に飛び込み、その生きものを助けようとする。幸い、その仔ウシは救うことができた。

あくる日、二頭の仔ウシが川を流されてゆくのが見えた。一頭は救えたがもう一頭はだめだった。週末までに、ウシ何頭かに加えてたくさんのヒツジ、そしてほんの数頭だがウマも助けられた。おびただしい生きものがもう死んだまま流されてゆくようになっていた。村の人々は取り乱しておびえた。昼も夜も川べりに見張りを置くことにして、せめて生きている動物を救い出そうとした。焦げた枝の下に引っかかって川下へと流れ消えていく人間の子どもの死体を見たと言い張る者までわずかながら出始めた。自分たちはできる限りの最善を尽くしていると信じていたから、村の人々は懸命に動いて見張り、夜回りして灯りをともし、ぴりぴりとおびえながら祈りを捧げていたが、家畜の死骸や焦げ跡も真新しい木片が依然ウォーレガン川を流れてゆく。

ちょうどそのとき大爺様とリチャードとわたしが何人かの騎士団員と連れだって乗馬で通りがかり、そこで起こっていることを告げられた。真っ先にその明らかな疑問を口にしたのが大爺様だった。「どなたも上流へは行《ゆ》かれなんだのか?」

社会の闇に、その葉先からでなく根元から光を当てようとするのが騎士なのだ。それこそ正義のなされるあり方だ。その大元《おおもと》を見つけるのだ。

13

気前

人は生まれながらに何も持たず、そして何も持たぬままその人生を去りゆくもの。つづまやかであれ、さすれば気前よくなれよう。

豊かになるには、いつも二つの道がある。大量にたくわえることと、必要を切り詰めることだ。

財を持つことは、騎士生活の本道から外れることになりかねない上に、実際そうなることも少なくない。獅子には何一つとして持ち物はないが、その力はみなよく知っている。騎士が個人の富をため込んだところで、金の詰まった箱の山ではその精神に重みはつかない。公正な世のために闘いつつ、自分から惜しみなく与えるとよい。教育も食べ物も与えられない子がいない世のなかのために、誰しもの健康が当然のこととして気遣われる世のために、思ったことが広く豊かに表現される世界のために闘うのだ。われらの土地や水域、そして生きものの世話に尽力する人々にはみな手を差し伸べよう。贅沢に金を浪費してはいけない。浮《うわ》ついた楽しみをほしいままにする輩《やから》がおおぜいはびこっていることも、騎士にはわかっている。だからこそ、ふと自分の持ち金がさびしいことに気づいても、騎士ならばそのことをことさらに気にしたりはしない。貴婦人も気立てでその値打ちが決まるのであって、財布にある銭の量でも召し物の値段でもない。

諸国を渡るハヤブサが、目にしたなかでもいちばん素早く見事な飛び方をする生きものだ。注目しがいがあるのは、多くの鳥と同じくハヤブサの骨も中が空洞になっている点である。身軽に旅をするのだ。

かつて勲士リチャードとわたしは、飢饉の折にスコットランドの北の奥まで支援に送られたことがあった。遣わされた者たちの手で仮の宿が設営され、干ばつ・戦渦・疫病が吹き荒れて家を失い居場所を追われた人々を何百人と受け入れるのが目的だった。ここでわたしは、これまで見聞きしたことがない規模の貧困を思い知ることとなった。いくつもの家族がまったくの苦しい生活を強いられている。死のにおいが濃く、汚泥に不潔に害虫に絶望が、井戸にも干上がった河床にも蔓延しているようだった。父親たちは見当たるべくもない。ひとり飢えた子が、通り過ぎようとする馬上のリチャードとわたしを見上げた。リチャードは、アレクサンドラお手製の大きめの甘食をその少年に手渡した。とびついてむさぼるものと思っていたが、意外にも両手で大事に抱えてふたりの弟のところへと駆けてゆき、一つを三切れに分けるのだ。これほどひたすらに気前のよい光景をそれまで目の当たりにしたことがなかった。わたしももはやこの飢える少年に哀れみを感じてはいなかった。心から尊敬していた。わたしの度量はいまだ今回のような試練に迫られたことはないが、そうしたことがあればこの少年と同じ高潔な心をもって応答したいと思っている。

王の騎士たちでも、自らの騎士団のつとめを果たした上で金が貯まるように心がける者が多い。実のところ大騎士できわめて富裕な者も少なくない。だが税を集めて私腹を肥やす騎士はひとりも知らない。

大爺様は、財に結びつくような危険なお役目につくことが稀だった。税集めも毛嫌いしていたが、金を懐から出してくれるような人々に見境なく取りつくのも嫌がった。わずらわしくともいつも自分の手で生計を立てていた。秤《はかり》の寸法があやしく思えるようなときでも、いつでも大爺様はどの農夫たちにも、穀物の目方を甘く見積もらせるままにしていた。幾度となくわたしはこの師について家々を回り、われらの領地に住む家庭を訪《おとな》ったものだった。師は子ども一人ひとりの名を知っていて、どの家庭の生活事情も承知していた。思い出されるのは、かつて域内をめぐっているさなか、笑い声がどれくらい聞こえるか注意せよと、大爺様が促したことだ。

いわく、「心からの笑いは、健康を知らず識らずに教えてくれるしるしなのだ」

その年の冬至節《クリスマス》、師とわたしはロンドン一の富豪であるドーチェスター公主催の晩餐会に出席した。

「聞こえたかの？」と大爺様が訊ねてきたのは、公爵のうつろな館を出るときだった。

「聞くって何をです？」と返事するわたし。

「純粋な笑い声は一つもありゃせん」と声をひそめて言う師。「あるのは気持ちのないキーキーに、ひねくれたヒッヒッヒ……時に思う、人は富を積むほど笑わなくなる」と、そばに寄ってささやくように、「そして死をいっそう恐れるようになるのだと」

そして自分の言ったことを反芻するようにやや間を空ける。「わざわざ衣を新調せねばならぬような誘いなぞ、どうもいかがわしく思えてきた」

そのころ、戦闘における多大な貢献と人望の厚さから、大爺様はコーンウォールの司教に推挙された。誰もがこれを実入りのいいお取り立てだと考えていた。威光と名誉ばかりか富がもたらされるからだ。ところが大爺様は、聖職についたこともない者に宗教上の地位が差し出されるなどばかげたことだと考えて、その機会を何やかやしてそっと受け流してしまった。

「おのれの居場所にあること、わが幸せなり」と師はわたしに打ち明けた。「友がおる。事がなせるくらいには健康。それで過不足なし」

さらに一言付け加える。「それに、ひょうきんな司祭などこれまで聞いたこともないわい」

14

鍛錬

戦場では、何事とも通じることだが、訓練した分の動きしかできない。だからこそ一心に修練せよ。特訓して目的を達するための道を作るのだ。細部へのこだわりにこそ特技が宿る。いつ何時もおのれのすべてを注ぐのだ。帰路に余力など少しも残すな。騎士は備えるほど、負ける気がしなくなるものなのだ。

おのれの剣を研ぎすませて、重すぎず軽すぎず絶妙なあんばいを保つこと。足はそっとするりと鐙《あぶみ》に入れること。一番乗りした上でしんがりをつとめよ。ふしぎなことに、鍛練を積んで型を覚え理屈を守ると、そこに自由があるとわかってくる。この種の自由の域に入れば、何事も可能となる。それなくては、鞍の位置取りだけで朝をまるまるつぶすことになりかねない。

懸命に励んだ末にははるかな目的地にたどり着けばそのあとには幸せが待っていると、わたしたちは思いがちだが、それは思い違いである。幸せというのは、目的を持って生きた人生の結果なのだ。幸せが目標なのではない。人生そのものの過程、活動の行く末であって、好奇心と発見から生まれるものである。楽を求めてしまうと、たちまち見つかるのは苦労へのいちばんの近道だけ。他人、すなわち友人・兄弟・姉妹・隣人・連れ合い、ましてや母さんやわたしでさえも、お前たちの幸せには責任が持てない。おのれの人生は自分に返ってくるもの、だからいつも自らの最善を尽くす余地がある。全力を尽くせば幸せがもたらされる。痛みを避けたり楽を求めたりすることに気を取られすぎてはいけない。自分の行いの結果にばかりかまけてしまうと、目の前の課題に身が入らなくなる。

大爺様は十年前、二十年前を生きたのではない。今お前たちがそうであるように、その当時の今を生きたのだ。「今に熱中せよ、さもなくば過去の遺物だ！」とよく声を張り上げたものだ。「そして心穏やかであれ、さすれば大胆になれる」

お前たちはひ弱ではない。打ち込め。自信が足りないのは、えてして自分を気にしすぎて自らの悪いところを見つけてしまう結果なのだ。騎士は一つひとつの勝利で立ち止まってはいられない。前に進んで、もっと大きな失敗も覚悟の上でやってみるのだ。大爺様は口癖のように言っていた。「厭《いと》うに値するものが二つだけある。楽な生き方と、行き過ぎた成功だ」他人からの褒め言葉を欲しすぎたり求めすぎたりすることがないよう用心せよ。自分を信じることだ。鍛錬と備えと経験こそが自分に入り用な唯一の装備である。

大爺様の言う精神の鍛錬としてよい例になるのが、われらの伯父貴である勲士《サー》ロールフ・トランピントンのせいで起こった不幸なめぐり合わせへの師の対処である。

ロールフの伯父貴は大爺様からすると実はいちばん近い従兄弟関係に当たる。ただ色々ゆえあって、みなからいつも伯父貴と呼ばれていた。並外れた金持ちで、気前よく人に贈り物をすることで有名だった。かつて、ランハイドロック騎士団全員に金の襟飾《ブローチ》を贈ったことがあった。匠の手になる工芸品で、吠える獅子がかたどられていた。大爺様は、その贈り物をみなで丁重にお返ししよう、と言いだした。「対価もない襟飾りなどありえない」と意味深なことを口にする。

師の希望は、みなで率直にロールフの伯父貴へ、たいへんありがたいがわれらの地域の貧民たちの手前、このような途方もない宝飾品を見せびらかすわけにはいかない、と申し出ることだった。騎士団では、そんな大爺様をいまだ旧弊なうるさ型だとするのが大勢《たいせい》だった。

仲間の多く（おそらく大爺様とわたしを除く全員）がその贈り物を受け取った。一年後の冬至節《クリスマス》には、一人ひとりにスペイン産の雄ウマが送られてきた。またも大爺様の願いに反して、仲間の多くがこの美馬を受け取った。

「大事なことなのだ」と大爺様がわたしに告げたのは、雄ウマをトランピントン家の地所へ返すよう促したときのことだった。以後も贈り物はわたしたち以外のみなに続けられた。ロールフ伯父貴の気前のよさには際限がないようだった。

数年してわたしはそのわけを悟った。勲士ロールフ・トランピントンは、デヴォンとの境にあるコーンウォール外辺部のある一族と大規模な戦闘をもくろんでいたのだ。その戦いが重大局面にさしかかると、ロールフの伯父貴はランハイドロック騎士団に味方として駆けつけるよう呼びかけてきた。多くの者が応じた。大爺様とわたしは動かなかった。事の全体が、あたら命そのものの浪費に思えたからだ。

この折にわたしは勲士リチャードを失った。トランピントン家への義理というあやまった意識に引きずられて、勲士リチャードは濶剣《ブロードソード》の柄にとびついてしまった。わたしは彼のことが心から好きだった。仲間の騎士の誰にも、そのおぞましい金の襟飾りをもう二度とはつけてほしくなかった。

自らの信念を貫き通せ、子どもたちよ。お前たちの友情は、買うことなどできないのだ。

何者かがこちらのふるまいに過大な期待を寄せている場合は、相手が親族であっても用心せよ。愛だ義理だと見せかけて、人は罪悪感や恐怖心につけ込んで操ろうとしてくる。もっともな判断力こそ、内なる指針として用いるべきだ。良し悪しの分別は自分のものであって、他人がもてあそんでいい秤ではない。友人や家族であっても時には弱みにつけ込んで頼み込んでくるが、誰しも〈本当に〉欠けているのは、自分が強くあることなのだ。

15

専心

ふつうの努力では、ふつうの結果。すべての掟をこれまで以上に守れるよう日々歩みを進めるのだ。運は最後の決め手。ゆるがせにしないことだ。金床《かなとこ》は槌よりも長持ちする。

誰もが騎士になりたがる。望むだけでは大きな事は成し遂げられない。どれだけ頑張るかが、良と優、将来性と名人芸、見習い従者と騎士の差になる。大いなる知恵を得るためには長い時を生きるのが必要だと、騎士にはわかっている。自分の肉体はおのれのものでなく、先人からの賜り物だという自覚がある。ゆえに自ら毒を得て根から腐らせてしまうことはしない。生きるために食べるのであって、食べるために生きるのではない。歯も手も清潔を保つ。身と心も日々の鍛錬と瞑想で研ぎすませておく。騎士はじゅうぶん睡眠をとって気を整えるが、寝過ぎたりはしない。家族や友人たちが求めてきたときのために、騎士は備えておくのだ。

ノアが洪水を前にして方舟を作っておいたことは知っているね。同様に、いずれやってくる人生の避けられない嵐を待ちかまえるには、心の準備を事前にしておくことが必須だ。考えは行動に先立つ。平穏なときにどう過ごすかが、危機の瞬間に自分がどうふるまうかを左右するわけだ。

わたしがよく思い出すのは、古代都市カアルの話だ。攻め入る側の兵たちがそれこそおおぜい、石の外壁の周りに陣取って六週間。突撃前に兵糧攻めという魂胆で、どうも中の軍勢が消耗して栄養失調になったところで制圧してやろうというわけだ。ところが攻勢が始まって襲撃側が目の当たりにしたのは、通りや人家には人も財ももぬけの殻という有様だった。先立つこと数年、カアルの騎士団は地下隧道《トンネル》を築いており、その先は遠くにある外れの森に届いていた。ゆえに恐ろしい侵攻者たちが都市を囲んでいるさなか、カアルの全市民はひっそり無事に手はず通りその子どもや家財とともに脱出していた。備えることだ。

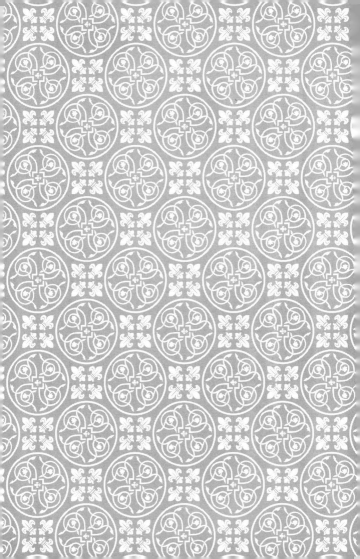

16

言辞

他人の悪口を言うなかれ。騎士は真偽のわからぬ話を広めたりせず、おのれに理解できぬことを非難したりしない。

うわさ話や無駄口は友情の敵である。大げさな話にも用心せよ。騎士は新調した鞘《さや》を〈愛する〉だとか、おのれを〈憎む〉などとは言わない。言葉に意味があるとわかっているので、あやまった使い方はしないものだ。他人の憐れみを買うために自分を卑下することは、謙虚ならず。貴婦人は話す際に息つぐことを忘れない。口から出る言葉と心から表れる熟慮から貴婦人のふるまいが伝わるのは、愛馬で婦人の身が運ばれるのと同じことだ。

騎士は泣き言を口にしない。その関心は変化をもたらすことにあり、自らの不平不満で世を悩ませることではない。

大爺様とわたしが、かつてコーンウォール南岸近くの高い丘をゼノル城に向かい騎馬を進めていたことがあった。ふたりとも長旅で疲れていた。城門は岩崖の頂き、高いところに設けられている。険しい坂を登っていると、翳って不気味だった景色へ重なるように陽が沈み始める。わたしもわざわざこう口に出したくらいだ。「おおこれは。ほらあの陽！　言いようもないほど魅惑的です！」大爺様は同意とばかりにうなずく。進み続けると、登るほどに夕映えは輝いてゆく。そのままわたしは賛美を続けた。「大爺様、ほらほらあのひたすらに燦然たる陽を！　ほらあの赤、それにあの燃えるような黄《おう》色《しょく》の筋！　すてきですよね？」大爺様はただうなずき、馬の背で前傾姿勢だ。門に着くころには日没も終わって、あたりはまったくの夜だった。わたしは大爺様に訊ねた。「夕映えがきらびやかとはお思いではなかったので？　どうして一言もなかったのです？」

「陽がおのずから語っておるからの」と老騎士は答えた。

そののち就寝する時分、城の小塔の上層階にそれぞれあてがわれた小さな簡易寝台でくつろいでいたが、わたしは収まりがつかず。

「大爺様？」とささやくわたし。「世がこんなにも美しいとはっとして所見を述べることに、何か間違いでもあったりするのでしょうか？」

しばしの静寂が流れ、この翁はもう眠り入ったのかとも思った。するとやにわにその声が、月影のごとくくっきりと聞こえてくる。「われらが釣りに出かけたとして、その仕掛けは何のためなるぞ？」

「魚を捕らえるためです」とわたしは答える。

「ならばウサギわなのねらいは？」

「ウサギを捕らえるため？」

「むろん」と答える師。「ではもう魚が捕まったのなら、仕掛けの位置は？

ウサギがもう手にあるのなら、そのわなの場所は？」

正しい答えに自信がなかったが、わたしは素直に言ってみた。「忘れますね？」

「いかにも。そして言葉の目的は思ったことを伝える点にある、だな？　ならばその思いが把握されたあと、言葉の所在はどうなる？」

「忘れますねえ」

「いかにも」と師は言う。「さて、言葉を忘れた男はどこにおるのかね？　そやつこそ話すべき相手なのだが……」

師はふっと微笑んだが、すぐに寝息が大きく聞こえてきた。

落ち着かないまま、わたしは横になりつつ、寝台のすぐ上にある小窓から外をながめていた。月が明るく満ちていた。このささやかな窓はただの壁に開いた穴だが、そのおかげで部屋じゅうに光が充ち満ちている。

17

信心

時として理解を深めるには、知識を捨てる必要がある。

お前たちの父としてそれぞれの出産には立ち会ってきたし、一人ひとりにふしぎな力の才があると誓って言える。どのような泉からわたしたちの命が汲み上げられたにせよ、それは深く荒々しく謎に満ちて知り得ないものである。わたしの思い通りにはならないし、お前たちにも無理だ。実際わたしたちにどうにかなるのは、自分が扱うと決めたものの目に見えるほんの外側だけなのだ。忘れてはならないのが、美しく絶妙だからこそ言葉にできず感じるほかないものもあるということだ。

言葉にならない発見や接触や感動は、すべての騎士・貴婦人の輝ける使命である。探すものはこの世で見つかる、だからこそおのれの望むものには意識をとがらせよう。一哩も歩きださないうちから大きな決断をしてはいけない。迷うときにはこの黄金の掟がいつもお前たちのためにある――「人々になしてほしいと思うように、汝《なんじ》らもまた人々に対してなすがよい」

自分の尊敬する人々、愛する人々、愛してくれる人々のことを信用なさい。ただし重大な案件については自分の胸を信じなさい。騙されてはいけない。急《せ》かされるなどもってのほか。間違ってもいいくらい時間には余裕がある。

なぜ自分は生きているのか？　生まれる前はどこにいたのか？　死ぬと自分はどうなるのか？　どうしてこの掟に従わなければならないのか？　難題を問うといい。先人たちが同じ問いにどういう答えを出してきたのか、書を読むといい。われらの祖先は愚か者ではない。

人間には山も海も陽も雨も創れなかった。自分自身さえも創れなかった。だから肩の力を抜くといい。世界の責任が自分の背にのしかかっているのではないのだから。

何事も熱を上げすぎないよう用心せよ。人々の口の端には、熱せられた石炭の上でも歩けるほどの聖人や、水の上でも踊れるくらい祈りの神通力がある女などがよくのぼる。わたしからすれば、この地上を歩くのもじゅうぶん奇蹟である。

そういえば、われらの村にいた美しいご婦人ライザ・エングルハートというかたは、悲しみのあまり頭がおかしくなった人だった。子どもにうるわしい少年がいて、すばらしい夫もいたのだが、ふたりとも死んでしまった。彼女自身は貧しい家の出で、子どもも時代はずいぶん疎んじられる目に遭ったものだが、彼女とその夫が恋に落ちると、界隈での地位も上がり、うるわしい少年を産んでからはたいへん愛され、憧れの一家となった。ところがまずは夫が、そのあと少年が病にかかりこの世を去った。少年が死んだとき、彼女はその死がどうしても受け入れられなかった。その遺体を家から家へ運び回って、薬が欲しいと請うたのだ。わが村の隣人たちもどう声をかけていいか、どう助ければいいかわからなかった。ライザはその金髪の少年がもうこの世にいないなどとは信じたくなかったのだ。最後にたどり着いたのが大爺様のところだった。そのときのやりとりがわたしには衝撃だった。近づいてくる彼女の目は悲しみで正気を失っていた。

「うちの子にやれるお薬はありませんか？」と彼女は訊いた。

師の返事はこうだった。「ええ、わたくしめなら助けになれましょう」

その後ろに立っていたわたしは言葉を失った。

「どうかお子さんをわたくしめにお預けくだされ」と言いだす。「ほかのどなたも知らぬ薬を存じておりますので」

ライザの顔がすっと和らいだ。

「われらに必要なのは芥子種《からしたね》でございます」と師は彼女に告げる。

「持っています」と即座に申し出る彼女。

「ただの芥子種ではござらん」と師。「どうかペリント村まで赴いて、一軒ずつお宅を回って、できる限り謙虚な気持ちで、誰ひとり亡くしたことのないお宅を探しておりますと、口になされよ。そうしてそのお宅が見つかったあかつきには……芥子種をわけてもらうのです。そのあと、わたくしめの許《もと》へただちにお持ちくだされ。あなたがお戻りになるまで、わたくしめがお子さんのことを見ておきましょうぞ」

かわいそうに美しいライザは喜んだ。「きっと戻ってきます」と約束した。

さて想像の通り訪ねたどの家でも、もらえたのは家族に先立たれた男や女からの話だけで、芥子種は手に入らなかった。いたましいことに、どの家庭でも自分たちが亡くした最愛の人々の話がなされたのだ。わが家の戸口に戻ってきた彼女の顔は千歳も老けて見えたが、心を取り戻していることがはっきりわかった。大爺様と彼女は、馬小屋の裏にある丘の上でささやかな火葬を執り行った。わたしも火付け役として手助けした。

師は彼女の手を取って、「当たり前のことですが、あらゆるものは過ぎゆく定めです。しかしながらお子さんがどこへ行ったにせよ、われらもすぐにそこへ向かえるのだと信じる心を抱きなされ。何が起こるにしても、われらみなに起こることなのです」

もう就寝せねばならぬということはわかっているが、窓の外にはフクロウがおり、まだわたしに書き続けよと鳴き声で促している。どこか気持ちでは、筆を持って紙に向かう限りは、わたしたちはまだそばにいるように思えるのだ。

18

平等

騎士は誰しも、人の平等をゆるぎない真実と捉えている。男女問わず、人が何らかのかたちで貶められたり辱められたりする現場に、騎士が立ち会うことはない。なぜなら騎士が居合わせたなら、人を傷つける行為・言動をおかす輩《やから》などきっと止められているからだ。

メリローズ、スフェン、アイダメイ、ここで大爺様が、性別間は平等だという立場を取っていたことにも立ち入っておきたい。男として歩む人生と女として歩む人生では、体験することにもきっと大きな差が出てくるが、核となる真実は双方同じだ。歴史上の大騎士には実のところ女性も多い。ただし器の小さな統治者はそうした女性を、お世辞にもならぬ言葉で呼ぶことも頻《しき》りである。

平等のことを考えるなら、やはり耳に残るのが『四十四枝のアカシカの物語詩《バラッド》』の唄《うた》い出しだ。そういえば母さんはお前たちにこの詩《うた》を語って聞かせるのが大好きだったな。だが母さんにこの詩を教えたのがわたしであることは、おそらくお前たちも知るまい。

初めてこの詩を聞いたのはある夜更けのことで、ロンドンから北へ二日騎乗した先のところでランハイドロック騎士団が野営をしていた。自分にはなじみのない土地で、亡霊でも出そうな微風《そよかぜ》が不気味で心がざわつくのだった。昼間の狩りはきわめて上首尾で、わたしも最初に飼ったあのタカを連れてきていた。大爺様がはるばるノルウェーまで人を遣って手に入れたものだ。その目は生まれて以来、縫い閉じられたみたいに細長で（そういえばお前はこれが苦手だったなメリローズ！）、そして最高の狩人として躾けられて言うことをよく聞いた。このタカが一行のために見つけたアカシカが、これまで見たなかでも最大のもので、角《つの》も三十二枝ある雄ジカだから男四人がかりでも運べない重さだった。

騎士団は環状に並ぶ巨石群の内側に野営を立てた。この巨石群は今や知られぬ古代人の手で置かれたもので、秘められた力があるとされていた。初め仲間のうちでも迷信深い者たちは円内で休むのを怖がったが、大爺様とわたしはその謎めいた力に惹かれていた。ふたりして中央でたき火をしていると、まもなく仲間もみな、わたしたちの周りに野営を据え始めた。ところが騎士団最年長の勲士《サー》アンガス・ドイルは、ただひとり円の外に幕舎《テント》を張った。

「年食って耄碌《もうろく》なさったのかね、ご老体」と大爺様が勲士ドイルに声をかけた。

「わしはその石が怖いのではない」と白髪交じりの騎士が言う。「ただあの美しい雄ジカを殺した愚か者たちのそばにいたくないだけよ」

「確かに美しかった」と口を挟むわたし。「倒れるのが見えて、みな悲しい気持ちになったことでしょう」

「だがわれら愚か者ではありませんぞ」と勲士リチャードは大声を張り上げて、その太鼓腹を叩いた。「これぞ数年に一度のごちそう！」

「若き騎士たちよ――」とドイルは大爺様のほうに渋面を向ける。「――ふつう若武者は騎士道を語り、名誉と平等を論じるものだというに、うぬらは三十二枝のアカシカを、あろうことか由緒ある森の真ん中で殺しおった。うぬらはあの『物語詩《バラッド》』も知らんのか、ええ？」

一同は顔を見合わせたが、老ドイルの言わんとするものに心当たりがない。

「みな知らぬようです」と大爺様の穏やかな声。「自分とてかろうじて断片が思い出せる程度。どうか火のそばに来て、みなに唄ってくださらんか。怒らずにお教えくだされ」

この長老とも言える騎士が闇から進み出て、巨石の一つにもたれつつ腰を下ろすと、ゆらめく火明かりでその顔が照らされた。

「遠い昔、今ぐるりにあるこの巨石群には屋根があった。そしてその屋根の上には四十四枝のアカシカの像があってな」（アイダメイ、四十四枝とはシカの角《つの》に四十四もとがった先があるということだ）

老ドイルはそうして『四十四枝のアカシカの物語詩《バラッド》』を唄った。知っての通り軽快な調子の詩《うた》だが、老ドイルは母さんのようには唄わなかった。
その声はきしりかすれ、木々のざわめきのような唄い方だった。お前たちはもうこの詩をよく知っているが、そもそも私はこのとき初めて聞いたのだ。想像してみてほしい、夜中にあの詩が唄われ、耳にされるところを、しかもその物語で触れられたまさにその巨石の環のそばで、生き残りの最長老がやるのだ。クモが背筋を走るかのごとくだった。この千年の亡霊が集団であたりの空間に漂うかのよう。

その幼い子が言う、おねがい教えて、おかあさん、
いずれ万事よし、と言った偉いアカシカのことを。
アカシカの王様、四十四枝の雄ジカ、
エドワルドの暴虐を終わらせたかたのことを。

この物語は昔、はるか古《いにし》えのこと、
土着の言い伝えを詩《うた》で語るもの。
月の満ち欠け、日の出、海の引き潮のように、
繰り返される知のみなもとぞ。

老騎士ドイルが物語詩を唄い終えるまで、みな聞き入っていた。偉大なシカが身を挺して森じゅうの生きものを救うかたちで物語が幕引きを向かえると、みなそれぞれ巨石群のゆらめく影のなかであたりを見回した。遠い昔の屋根の様子に思いを馳せたわたしは、その偉大な生きものの像をじかに見たかったと思ったものだ。ただ仲間のほうにはどうもさほど心動かされず、ぼやき始めた者もいた。「長いな！　この古い詩《うた》が言いたいことは結局何なんだ、ドイル？」

「すてきな調べ、でしたな」と勲士リチャードがためらいがちに言う。「だが正直、ドイル、ほらシカはしゃべれんでしょう！」一同大笑した。

「勲士ドイルが言わんとすることはな」と大爺様がたしなめる。「騎士になりたいという者にも、自己満足で独りよがりな輩《やから》が多いということだ。自分たちの周りで起こることすべてがわかるとうぬぼれて、おのれは立派で高貴で賢いと思い込んだり、最善を尽くしていると信じ込んだりしておる。思い込みがあらわになっても、おおかたの者は深く考えもせず、それぞれがまだ全力を尽くしたとは言い切れないところで遠く憧れるだけなのだ」

ここでわたしは、これぞ大事なこととして、この詩を覚えたのだ。

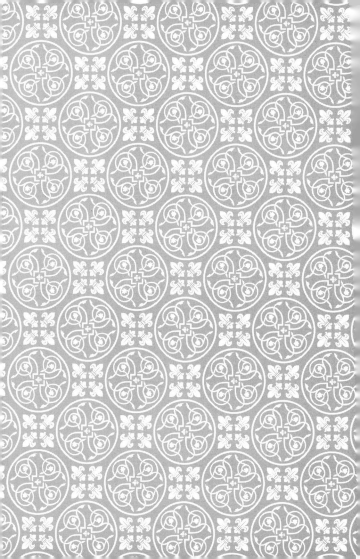

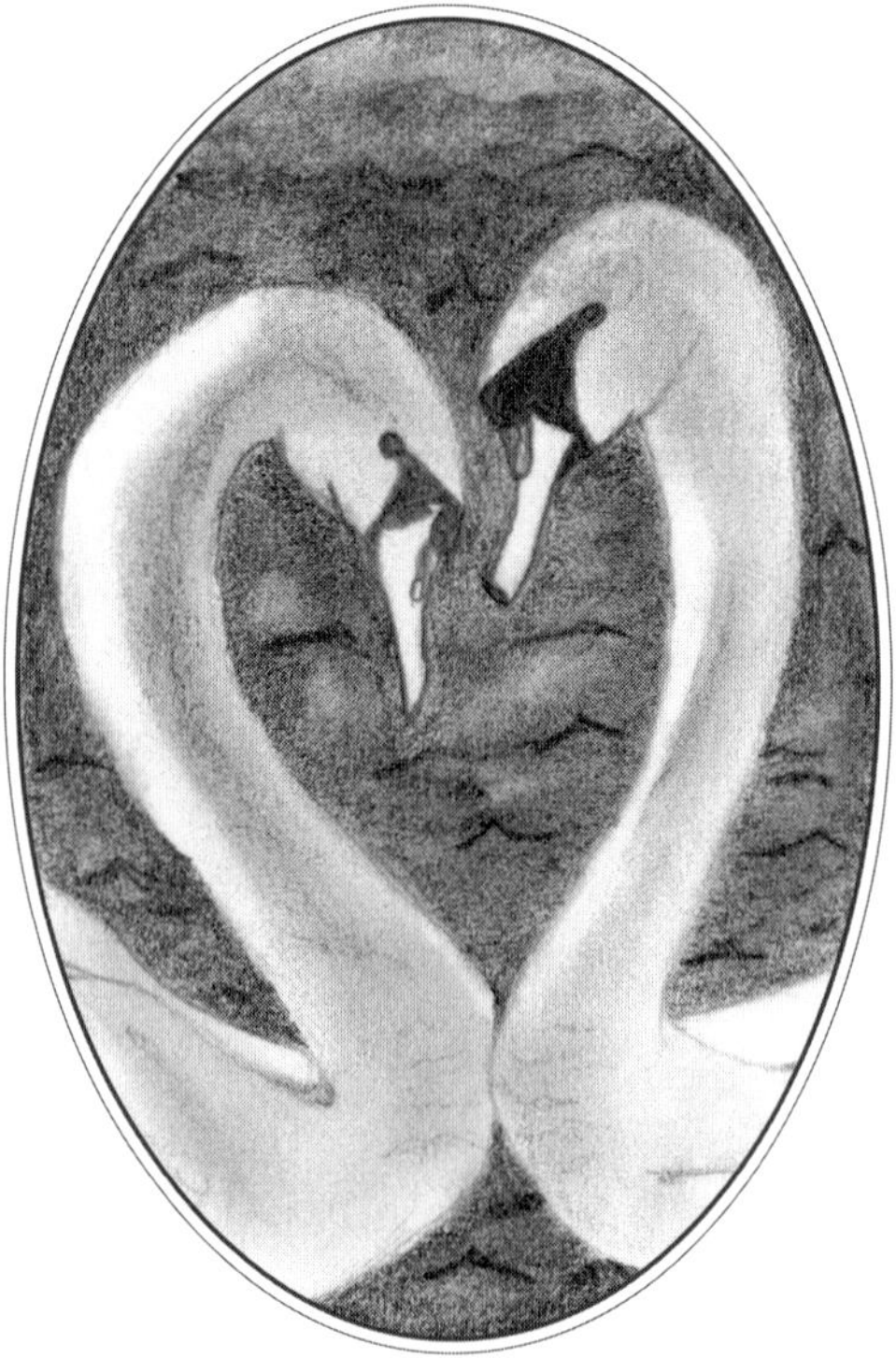

19

愛情

愛は最果ての目的地である。わたしたちの人生という音楽なのだ。申し分のない愛情で動かせない障害などない。

この世の立派な騎士や貴婦人はこれまでも偉大な指導者であり戦士であったが、同時に癒やし手でもあった。愛をもって戦い、愛をもって導き、愛をもって癒やすのだ。

対決や衝突を避けるということではない。時には信じるもののために闘わねばならぬこともある。不誠実や不正義になるくらいなら、いっそ対決したほうが絶対に好ましい。騎士は煽られて戦いに向かうのではない。恐怖や怒りや復讐心とは無縁の理性によって争いに赴くのだ。平和裏な解決の可能性ももはやこれまで、勝ちに行くしかないと確信できる段階になってようやく向かう。

自分の怒りを抑えられないなら、そうできるまで距離を取って口をつぐんでおこう。他人を脅したり怖がらせたり萎縮させたりするのはたやすいが、そんなものは強さでも何でもない。大騎士や貴婦人は他人に力を与えるために力を使う。その自分の持てる力でできる善行をなすのである。

年若い者を保護し、同胞の背を見守り、老いた者の世話をせよ。それ以上に有益な時間の使い方はないとわかるだろう。自分の家族という範囲を小さく定めすぎないよう気をつけるのだ。愛に限界はないのだから。

求愛の際には、誠実であるのが第一の必須条件だ。誠実になるためには、騎士はまず自分の魂に相通じなければならない。これは難しく時間のかかることだ。誰にも心のうちに内緒の思いや考えがあり、その秘密は自分が評価し尊敬し信頼する人にしか打ち明けないように、肉体においてもまた同じなのだ。人には教えず知られる必要もない秘密の場所がある。

騎士はけっして焦《あせ》らない。自分の心にも他人の心にも慎重だ。見せかけの好意に用心せよ。不要なものだ。他人への最大の敬意になるのは、信頼に足る人物であることであって、ただ他人を喜ばせればいいわけではない。〈愛〉とは言葉以上のものであると心得よう。それは行動なのだ。

愛を欲や妄執と取り違えるといったよくある思い違いをおかさないように。高まりすぎた熱情には警戒せよ。愛をある種の病へと変えてしまいかねない。それは葡萄酒の飲みすぎと同じくらい破壊衝動のある病だ。愛するのだ、そうすれば自分の好意の対象にも幸福がもたらされる。愛とは返さなくてはならないもの、安心できるもの、そのうちに癒やしがある。

わたしが母さんに会ったのは、母さんが十六の時だった。長くてわたしには気恥ずかしい話になるが、お前たちには知っておいてほしいと思う。母さんとわたしが初めて出会ったころ、他のみなと同じでわたしもヨーク公爵の未亡人に恋い焦がれていた。この公爵夫人に会ったのは一度きりだが、目を合わせるやたちまち狂おしくも深く引き返せない〈恋に落ちた〉。毎晩その女性が花嫁となる夢を見た。凝《こ》った衣に頭からつま先まで宝石に彩られ、両脇を侍女に挟まれた彼女は魅惑的だった。ああ！　自分に気づいてもらえないかと願ったものだ。ふたりは世でいちばんの名士になれるのに！　などと妄想した。さて、結果としてはうまくいかなかった。わたしは長々しい恋文を送って、自分が全土で最勇の騎士であるばかりか大詩人なのだと見せつけようともくろんだのだ！　当初はうまくいきそうに思えた。立て続けに舞踏会に招かれ、公爵夫人の囲み、つまり求婚者のひとりとなったのだ。何度か庭園での散歩を許され、二度は茶会におよばれもした。しかし徐々に疑問がわき始めた。自分はただフィリップ王子の寵愛を勝ち得ようという遊戯に巻き込まれた駒《ポーン》ではないのかと。ある日に公爵夫人の秘書から、もう手紙も訪問も控えてほしいと書き送られてきた。わたしは意気消沈だった。彼女が王子と婚約するという正式の知らせが一週間のちにあったが、わたしはその敗北が受け入れがたかった。そこで一つのことに精力を傾けようと、つまり彼女の愛を奪い返して王室の結婚というこの悪ふざけを阻《はば》んでやろうとしたのだ。どう考えても公爵夫人は自分とともにあるべきだと！

それから事は予想外の展開を見せる。突如として自宅家屋の四分の一が焼け落ちたのだ。いったい何が起こったのかそのときはわからなかった。煖炉《だんろ》が旧式でもう壊れかけだったから、おそらく落ち込んだわたしが失火させてしまったのだと思う。未使用の薪を火元の近過ぎるところに置いたのだろう。そしてあろうことか大爺様も負傷してしまった。火を消そうとする際にひどい火傷《やけど》を負って重傷だった。師はわたしを責めることなく、煙突を修理しなかったと自分に腹を立てていたが、わたしは罪と過失の意識をぬぐうことはできなかった。二十哩離れたところに火傷を治せる力があるという女性がひとりいた。その女性を訪ねたところ、つい先日に亡くなっていることがわかった。ただしその娘が助けを申し出てくれた。それが初めて母さんと引き合わされた瞬間だった。

彼女をわたしの愛馬の背に乗せてまる二十哩の帰路、わたしは母さんに、火事は自分のせいだというつらい罪悪感を正直に打ち明けた。口にするのも恥ずかしかったが、ヨーク公爵夫人に熱を上げて一方的に純愛を捧げたことを、さも大事な話のように語った。ふたりですっかり話し込んだ。週に二度この行き帰りの旅を続けた。母さんの看護はすばらしく、たちまち大爺様の傷も和らいで快癒も早まった。公爵夫人へのわたしの愚かなふるまいにも、母さんは根気強く耳を傾けて助言をくれたし、今回の事故について自分自身を許せるよう背中を押してもくれた。大爺様は一命を取り留めたので、またしっかり師に仕えることもできそうだった。

大爺様にもう治療の必要がなくなるころには、気づけば日々わたしは母さんに手紙を書き送るようになっていた。最初は大爺様の回復具合を知らせていたのだが、あとになるとふたりの手紙は個人的なものへと変わっていった。数年の時を経て、わたしたちはよい友人関係を築いた。母さんは書くのも上手で、その小ぶりながらはっきりした筆跡や、簡潔なものの見方に人柄が表れていた。ついつい笑みもこぼれた。妙な話だが、わたしは彼女のことを色恋では考えてはいなかった。自分のつとめで精一杯だった上に、自分に何から何までがっかりして頭がいっぱいだった。だから母さんのいとこのフィリパの結婚式で、初めてふたりで踊ったときには、顔をはたかれたような気持ちだった。自分がこの女性を全身全霊で、しかももうかなりのあいだ愛してきたことに、はっと気づかされたのだ。少年のころはずっと、愛とは燃え上がるような大恋愛で、すべてを呑み込むくらい圧倒的なものだと期待しているところがあった。母さんとの関係はあまりに健全かつ誠実なものだったから、それが愛だと感じなかったわけだ。ふたりで踊ったあと、一同が外へ転がり出てゆくさなかに、わたしたちはふとたまたま唇《くちびる》が重なってしまった。ぎこちない口づけで、ふたりとも何がどうなったのか、次どうなるかもわからなかった。その夜更けには、母さんが打弦琴《ダルシマー》を演奏するところをながめた。彼女の知性と身体と感情とがまったく一つになっているかのようだった。演奏に合わせて彼女の胸が上下する。ただ息をしているのではなく、息づいているかのようだった。それからというもの、わたしの高鳴る心臓は彼女の手のひらで思うままになった。

わたしは母さんにいわゆる一目惚れで〈恋に落ちた〉のではない。詩歌でよくあるような、または公爵夫人で経験したような一目惚れとは違うのだ。むしろゆっくりと進み、だからこそ〈恋から冷めて抜け出てしまう〉こともなかった。まず〈落ちて〉すらいないからだ。少しずつじっくりと育まれていった関係なのだ。わたしに活力や喜び、そして至福の瞬間に笑みと胸の高鳴りを与えてくれるもの――それでいて、これまでもこれからもずっと友だちだ、というのとは違う、それ以上のもの。これがおそらく若い人たちの聞きたいおとぎ話ではないことは自分にもわかっている。だが祈ろう。もし何か一つ願いが許されるのなら、わたしが母さんに捧げ、母さんからもらったような愛をお前たち一人ひとりが感じられますように、と。

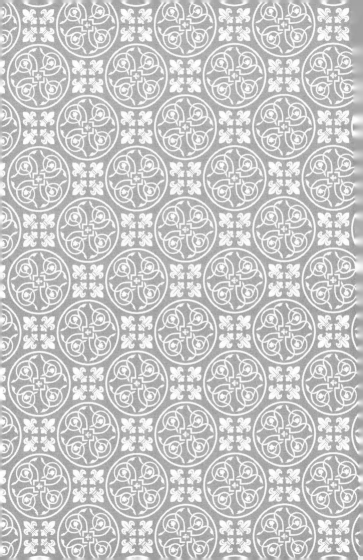

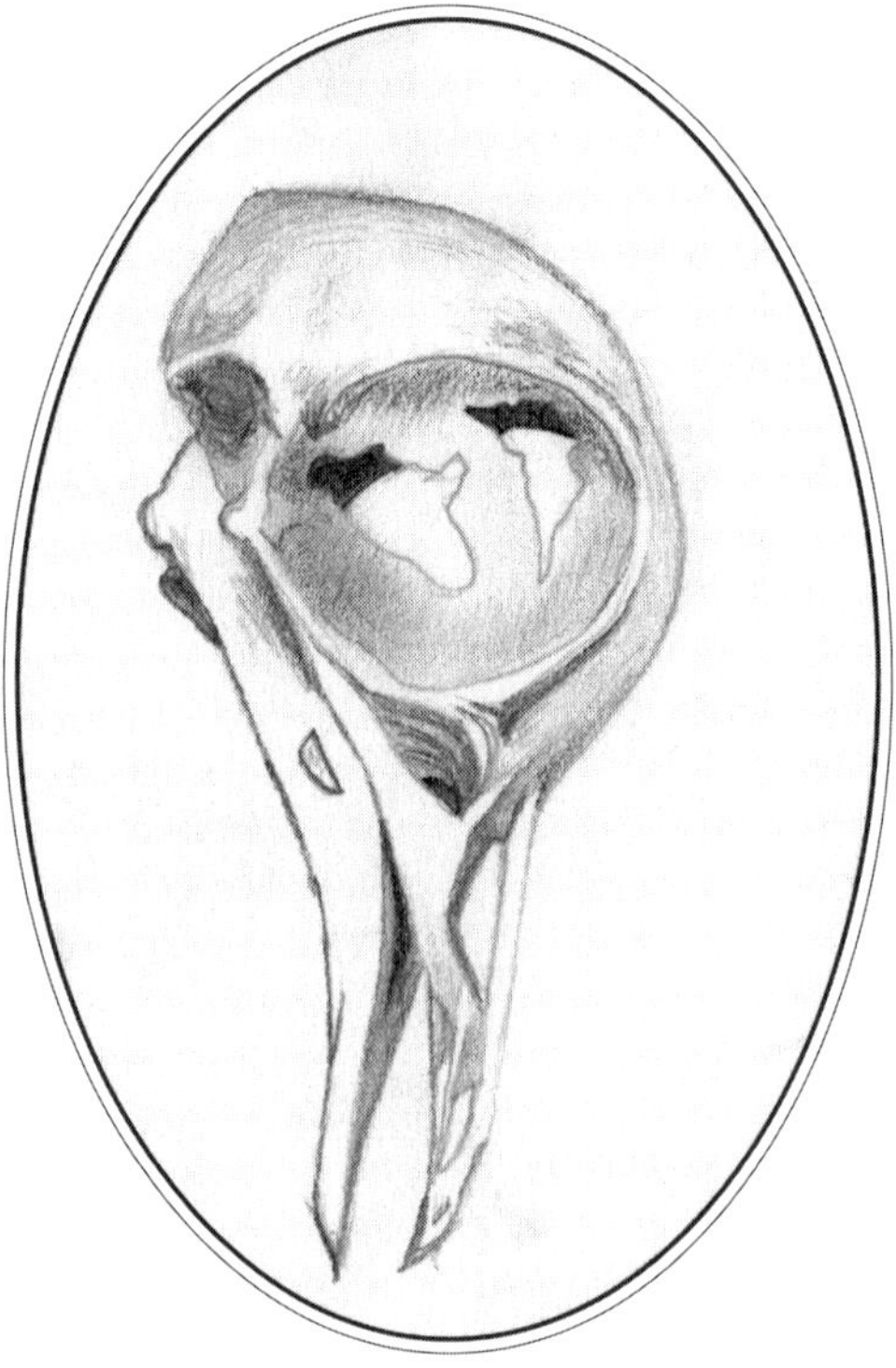

20

辞世

人生とは、長く続くお別れである。ただそのめぐり合わせのために、わたしたちは驚いたりする。あくまで騎士がこだわるのは、自分に与えられた人生への感謝の念だ。騎士は死を恐れはしない。なぜならある騎士が始めた仕事も、他の誰かがやり遂げてくれるからだ。

騎士にとってその生き方は大事なものであるが、別にどの昼下がりに生まれて、どの朝に死ぬかという話ではない。だからこそ、そぐわないかたちでわたしを悼むのはどうかやめてほしい。今日の戦闘いかんにかかわらず、わたしはこれからもあり続ける。過去と未来は、過ぎゆく一瞬一瞬にも生きている。永遠とは、死の刹那《せつな》から始まるものではなく、今も起こっていることなのだ。

その晩年は大爺様も大病を得て、自分がそう長くはないと自覚していた。するとと年長者の教えや自ら得た知識に反して、途端に死ぬことをひどく恐れだした。八十年の人生で数多くのことを成し遂げたが、まだそれ以上のことをしようという熱意もあった。しかし心は打ちのめされ身体は痛み、大好きだったこともできなくなる――いつか死がいきなり自分を連れ去ってしまうその日までやり続けられるものと考えていたのだと思う。ところが死はいきなり到来せずに、ゆっくりと忍び寄るもので、本人もそのことに気づいてくる。もはやその人は、わたしの知っていたその人物の影法師だった。当人の考えでは、色んなことをしさえすれば衰えることはないと思っていたようだ。

大爺様とて完璧ではない。せいぜいわたしの知るなかで最も傑出した人物ではあったが、その晩年にはとても盛時の見る影のない日もあった。身体があまりに痛むため、誰の話も聞き取れず、大婆様《おおばあさま》ばかりか、もはやわたしの話もわからなくなっていた。

ある昼下がり、大爺様はわたしたちのもとからこっそり抜け出して、一等よい鎧を身につけ、馬小屋まで行って愛馬トライアンフに鞍をつけた。そしてまたがり海に向かって駆けだした。落馬を危ぶんでわたしも追いかけようとしたが、大婆様は放っておきなさいと言った。「もしあの人が死に猛りたいというなら、させておくの」

われらの土地と海が接する砂岩の崖にたどり着くと、大爺様は馬の上に座りながら、波が次々と打ち砕かれるのを暗くなるまで何時間も見つめた。そしてじっと動かなかった。黒の水平線を遠くながめて、そのくたびれた愛馬の上でうつらうつらすることもあった。

とうとう光で再び空が白み始め、朝がやってきた。その脚の下ではトライアンフが疲れと飢えで引きつけを起こし始めているのが感じられた。トライアンフもまた老いていた。大爺様は下馬して、信頼するその愛馬に別れを告げた。ともに数々の勝利を手にしてきたが、この老いた騎士もこの戦いはひとりで立ち向かわねばならぬと悟りつつあった。それでも、この愛馬がとうとう引き返していくのを見ると、驚きを隠せなかった。友に見捨てられた気分で、その孤独は耐えられないほどだった。やがて浜辺に腰を下ろしたが、その隅々まで磨かれた鉄の鎧も今や潮と砂まみれになっていた。

一生を通じてその人は掟に従って生き、その掟に支えられてもきた。これまでずっと自分のことを広い根を持った木のように捉え、妻子や友、仕事や役目、集団といったさまざまな要素から滋養を得ているものと考えていた。ならばなぜ自分は今こんなにもさみしさを感じるのか？　どうして自分の成し遂げたことがこんなにも空虚に思えるのか？　かつての大志がなにゆえこれほど無駄なものに感じられるのか？　長く健康な生活に恵まれ、大半のことは賢く乗り切ってきた。ずっとではないが、おおむね手の届くものを求め、届かないものを無理に欲しがらないよう忘れずにやってきた。しかしもう何一つ得られなくなる、この迫りくる死とはいったい何なのか？　何一つとてない。そのときには自分自身でさえもいなくなるというのか？　ああ、いかん！　と、ひどく恐れていた。死にたくなかった。妻を愛していたのだ。ふたりは互いにぴったりだったのだ。毎朝目覚めると彼は、自分を選んでくれたことを彼女に感謝する。世にはいい男がおおぜいいることもわかっている。人生をともに歩む相手に自分を選んでくれたことへの感謝に涙を流すこともあったし、彼女にしても同じ思いだった。どうして彼女は一緒にゆけないのか？　最後にふたりでゆければ安心できるのに、その望みはむなしい。依然として波の繰り返し砕ける音がする。ひどく漂流しているような心持ちだった。この喪失感は子どものころから感じていたわけではない。いったい何をしくじってしまったのか？　隣人を愛さなかったか？　騎士の礼を失したか？なにゆえ掟は今の自分を支えてくれないのか？　怒りのあまり鎧を脱いで一つずつ海へ投げ捨てていった。裸で無防備になって彼は思いをめぐらす。ピンザントのレミュエル・グリーンとたまたま名付けられたこの人物、すなわち自分の大事なところとは何だ？　静けさに押しつぶされそうになる。あらためて波を見つめていると、鎧が岸へと打ち寄せられてくる。ゆっくりと思い出されてきたのは、死ぬのは何も自分ひとりだけではないということだ。

一瞬一秒ごとに多くの者が死にゆき、多くが生まれる。自分はひとりきりではない。波の音に混じって聞こえてくるのは、赤子の第一声、痛みと喜びに張り上がる母親の大声、死にゆく者の詰まるような末期のあえぎ。波が岸に打ち寄せさらに押し戻されるように、自分の半生が海へと流されていく音が聞こえる。一つ波が消えても、何も失われず何も得られない。波はこれまでもそして今もずっとただの水。大海は変わらずそこにあり続ける。一瞬たりとも自分が恐れることはない。なじみ深い静謐《せいひつ》な感覚に自分が包まれるようだ。死は克服できないし、乗り越えるものでもない。長い人生で学んできた一つのこと、すなわち何かを理解したのなら事物はただありのまま、そして何かがわからなかったとすれば事物はただそのままにあるだけ。それでも理解していれば恐怖は薄れる上に自信も高まる。彼はひとり微笑んだ――自分は何を恐れていたのだ？　もう幾度となく死んできたではないか。アジャンクールの戦いで矢取りをつとめた少年はとうの昔にもういない。妻と結婚した青年は？　もういない。ランハイドロック騎士団を数多《あまた》の戦《いくさ》で率いた成人は？　もういない。この老人もまもなくいなくなろう。おもむろに口笛を吹きだす。すぐにたわんで折れてしまうとわかっていながらも、あえて脆い枝に宿ってさえずる鳥のように、口笛を吹いた。それでも鳥が唄うのは、自分には翼があると知っているからだ。大爺様は剣を大海原に放り投げ、家に歩いて帰っていった。トライアンフはまた会えたということで喜んだ。大婆様は、ちゃんとした上着も羽織らずに長く出かけるなんてと大爺様を叱った。こんなに心配させるなんて、と、みんなして大爺様に動顛していたことを覚えている。その夜、煖炉のそばに腰を下ろしながら、大爺様はわたしに昔話を語った。もう落ち着きも取り戻していて、とても彼らしいと思えた。

部屋に戻ってきた大婆様が訊ねる。「さてと、食事にする？　それとももうお休み？」

わたしから、何か少しあたたかいものを召し上がったほうがいいのでは、と伝えた。

大婆様が退室する際に、大爺様が小声でこう言った。「そなたのほうがはるかに知恵者だな」

「何ですかいきなり」とわたしは笑った。

「なぜならば、誰かがそなたに問いを発したとしてもいつでも」と前歯の欠けた大きな隙間から何とか声を振り絞る。「そなたは必ず答えの備えがある。わが身は考えてからでないと話もできぬ」

わたしたちふたりは静かに座りながら煖炉の火を見つめた。

その夜、母さんが食事の支度の手伝いをして、わたしがレミュエルを寝かしつけているあいだに、大爺様は眠るように息を引き取った。おそらくその鎧も剣もまだ海の底にあって牡蠣に覆われ、壊れた鎧の胸板部分の上を小魚の群が泳いでいるのだろう。ともあれ、その人はもういない。

もう朝となった。冷気で指がかじかみ、あたたかな家が恋しくなる。この瞬間が来てほしくないとどれだけ思ったことか。いつの日か誰かしらが、この不本意な窮地に至った事の次第をお前たちにもきっと説明してくれようが、今はただ、所属する騎士団や掲げた大義に疑念はないということだけは理解しておいてほしい。わたしたちが積み重ねてきた善行への責任と、お前たちへの責任が真っ向から衝突していないことを願うばかりだ。

どうか長々しいこの手紙を許してほしい。わたしに付き合ってくれていたフクロウももうしばらく前に飛び去ってしまった。振り返って書いた紙の束を数え、自らの勝手さを思い知る。ここには、お前たちがこれから自分で学んでゆく教訓のすべてがある。陽は昇り、愚かにもわたしは一睡もできていない。お察しの通り、わたしにもまだ学ぶべきことがたくさん残っているわけだ。

一つ最後の思いを（どうか許してほしい！　ただ書くのをやめてしまうとそれが本当にさよならになるのではないかと不安なのだ！）。そういえば忘れられない思い出がある。この前の夏、お前たち子どもみんなが海辺で遊んでいたことがあったな。一緒に母さんとその妹一家もいたことは覚えているね？　天気は快晴、日差しもよく、抜けるような青空。お前たち四人といとこたちみんなで、水気のあるぬくい砂で城を作っていた。それぞれ自分の城を一つずつこしらえて、「これオレの！」「そっちがお前の！」「こっちから離れてよ！」などと言い合っていたね。

城が全部できあがると、いとこのウォレスがふざけてスフェンのを踏みつぶした。レミュエル、お前は兄としてかっとなったんだよな。お前がひたすら妹を気にかけているのは知っている。メリローズ、お前はレミュエルが熱くなりすぎているのに気がついて、先に兄を地面に押し倒してしまった。もうあとはみんなで砂を投げたり泣きわめいたり押し合いへし合いしたりのけんかだ。ウォレス少年は叔母さんに抱えられて泣いて家に連れ帰られる羽目になった。彼がいなくなってしばらくはお前たちも城遊びに戻っていたが、たちまち水泳に移っていった。次第に曇ってきて、まもなく帰路につく頃合いとなった。誰もう城のことはすっかり気にしていない。アイダメイ、お前は自分のを踏みつけただろ。スフェン、両手で自分のを崩したな。みんな帰宅。そして穏やかな雨が城をすべて打ち寄せる波へと洗い流してしまった。

どうかお互いに優しくあってほしい。

わたしはお前たちみんなを愛しているし、年長の子どもたちが今日わたしと一緒に乗馬できればと願っていることも重々わかっているが、何よりわたしはお前たちの考えている以上に、みながわが家で安全に過ごせていることをありがたいと思うのだ。もし今生もう会えないのだとしても、一年また一年過ぎるなか、これからもわたしはいるのだと心得てほしい。足元の落ち葉をざわめかす秋風のうちに、頰を凍らす冬の粉雪のなかに、髪を濡らす春の雨のあいだに、そして腕の肌を焦がす夏の熱い日差しに。これからもわたしはいつもお前たちのそばにある。

心のなかに

お前たちの愛する父

トマスより

四十四枝のアカシカの物語詩《バラッド》

その幼い子が言う、「おねがい教えて、おかあさん、
いずれ万事よし、と言った偉いアカシカのことを。
アカシカの王様、四十四枝の雄ジカ、
エドワルドの暴虐を終わらせたかたのことを」

この物語は昔、はるか古《いにし》えのこと、
土着の言い伝えを詩《うた》で語るもの。
月の満ち欠け、日の出、海の引き潮のように、
繰り返される知のみなもとぞ。

ある春の朝、ストーンヘンジも真新しかったころ、一頭の雌ジカとその子ジカが霧にぬれつつ軽やかに進む。わくわくと子ジカが言いだす、「おかあさん、草地の真ん中にあるあの像はだれなの？」と。

母は返す、「ぼうや、あの堂々立派な石は、大エドワルドに建立されて、あそこにそびえ立っているの。あれはね、ぼうや、わたしたちシカの王の似姿で、あなたが生まれた日に奇蹟をなされたおかたなの！」

「ぼくが生まれた日？　ねえ、そのお話教えて！ぼくの誕生日にどんなすごいお話があったの？」

「だからこそ、おなかにいたお前がここにいるのよ、ぼうや、あったことをみんなお話ししましょう。

ふたりの強い強い王のお話、
痛ましくもあっぱれな出来事のお話。
その日わたしはおなかに子を宿していたから、
子どもとわたしが死にかけた日のことでもあり。

まさにこの場所がそのお話のあったところ。
これが初めてそのご尊顔を目にした草地。
畏れをもってすべてを打ち倒す戦士王が、
わたしたちを狩って殺そうとしたところ」

「どういうことなの？　どうして殺すの？」

「狩る理由？　なぜって？　ぞくぞくするから。
獲物が大好き。追い詰めるのが大好き。
相手の恐怖のにおいが残酷な心を高鳴らせるの。

わたしたちの身を筋を肉をごちそうに、
舌も目もおいしそうだと思ったのね」
幼いシカは言葉を失い叫ぶ、「えっそんな！」
「ほんとよ」と母は言う、「これがエドワルドのやり方よ。

さあ聞いて、さあ聞いて、
このすばらしき物語を、
わたしのぼうやの生まれた日、
シカ王の栄光のお話を！

狩りがエドワルドのお気に入り、狩りこそすべて。
金の鞘に、振り下ろしたくてたまらない剣。
その弓と刃をけっして肌身から放さない、
祈りなど退屈で、農園はもっと荒れ放題で。

かつては健やかだった国も、今や放置状態。
毛づやのいい白馬にはいつも手綱がつけられて。
商店主と仕立屋は店先から無理くり引きずり出され、
大工と農夫も狩りに強制参加させられる。

工具も泥のなかに放り出されたまま。
納屋も未完成で家屋も造りかけ。

陶工も土を置いたまま、靴直しも靴がそのまま。
学舎は無人で、詩人にも芸術の女神は降りてこない。

ヒトはもう弓とか刀とかにはうんざりして。
血はもうじゅうぶん、生活が欲しい！
だから事はそのヒトたち自らの手で進められ、
シカたちは柵で広く一ヶ所に囲い込まれて。

こうなれば、エドワルドが獣肉を欲しがっても、
たやすく殺せる、ごちそう用の囲い柵というわけ。
シカの周りにめぐらされた柵を見た王は、
そのしなやかでまじめな生きものたちを見つめた。

『わが民は、ぅぬら獣を狩るのが嫌だとさ、やめて他のことに専念したいというのだ。ならば王はその臣下の目を受け止めねばな』大エドワルドは自ら賢者と任じていたから。

二頭の雄ジカがいて、かたや二十枝の白鹿《はくろく》、かたやもっと見事な四十四枝の赤毛のシカ。『この二頭は』とエドワルドは言う、『この二頭は生かすべし、狩ってはいかん。こやつらには、余自ら命を授けようぞ』」

「おかあさん」と子ジカはその言葉を愛おしそうに言う、「そのアカシカが、二つの群の王様じゃなかったの?」

「今ではわたしたちの王様ね。でも我慢。あわてないで。

物語をしっかり聞いてね。ぜんぶ話すからね。

ヒトたちは安心して去り、自宅へと帰っていって。
柵から出て駆けめぐることはシカにはもう無理。
一日一頭シカを撃てば、肉はたやすく得られる。
『もう万事簡単』というのが狩人の口癖だった。

ところが囲われてしまったシカにはそうならない。
至近距離から矢で射貫かれたシカはそれこそおおぜい。
脇腹に矢の刺さった不運なものたちだけに限らない。
隠れようとしたときに痛めつけられるものもたくさん。

一頭殺されるのに、大怪我するのはもっと多く。

毎日毎日、怖いことがずっと続いていく。
朝に狩人が来て、恐怖に火がつく。
巻き込まれないようにとシカたちは慌てふためく。

わたしたちの群の長《おさ》ホワイト・スタッグに近づいて、
レッド・ハートがふたりで相談をして。
一日ごとにそれぞれの群から一頭差し出すことにして、
それで大混乱は収まるだろうとのことで。

ひどい落としどころでも苦しみは軽くなる。
苦渋の長たち、喜びようもない二頭のシカ。
それぞれの群に、苦しい事情が説明される。
ある雄ジカがくじを引くと、顔から血の気が失せる。

狩人たちの目に、ただ一頭で震える雄ジカが映る、
『わかりやすい！　知恵をしぼった結果か』
矢が飛んで、雄ジカの胸に突き刺さる。
これがその習いの始まったまさにその日。

毎朝一頭のシカが死に追いやられる。
これが引き続き何週間も続いていく。
とうとうくじが、ごくおとなしい一頭に当たる、
子どもを身ごもった雌ジカに。

それがわたし、そしておなかにいたのがあなた。
もう心がずたずたに。どうすればいいの？

くじの約束は、水晶のように明白。
ふたりとももうすぐ死ぬ。恐怖で脈が速まる。

『お願いです』と四つ膝《ひざ》をついて頼み込むわたし。
『白き王よ、くじがわたしに当たりました。
おなかには、もうすぐ生まれる子どもがいます。
わが子だけ残して逝くのはやぶさかではありません。

子どもがひとり立ちできるようになれば、
いくらでも皮と骨でその代価を支払いましょう。
いずれ行きます、でもわが子の命はどうかお助けを』
『ならぬ』とスタッグは告げる。『痛みは変えられぬ。

くじは決まった。　お前は死なねばならぬ』
『ああ！』と目に涙をためて、嘆き叫んでも。
うなだれて、望みもなく、波にもまれ、
わたしたちふたりの命は失われようとしていたの。

幸いなことに、四十四枝のアカシカがそばにいて。
わたしの窮状を聞いて、こう言った。『優しきシカよ、
子ジカが生まれるまで、生きよ！　行け！
逃げて安静にせよ！　すべてが悲痛ならず』

言葉にできないくらいありがたくて、駆け去ったの。
次の凶日までは死を免れられる。
でもまだ、向き合わないといけない疑問が一つ。

別のシカがわたしの代わりになるしかないという事実。

森のなか、一様に降る雨。
他の誰かがわたしの痛みを引き受けることに。
レッド・ハートが矢のほうへと歩み出て行く。
さよならを告げて、スズメを一目見る。

他のシカに身を差し出せと頼むか？
レッド・ハートはしない。自らが代わりになる。
離れたところで、迫りくる襲撃をながめるわたし。
今になって気づく、これは全部わたしのせいだ。

狩人たちはその偉大な生きものを見下ろした。

誰も自分たちの見ているものが信じられない。
エドワルドが従者と旗を従えてやってくる。
『ご覧を、陛下、なんと四十四枝のシカです！』

『何をしておる、汝、美しき獣よ？
汝は、王家のごちそうになる定めではないぞ。
汝とホワイト・スタッグは獲物から除外した。
あくまで強き者よ汝は、余へは弱き者を差し出せ』

『われが来たのは』と切りだすハート、『身ごもった
雌ジカの身代わりとして。その定めはわれが引き受けよう。
二頭も死ぬべきではない、ゆえにわれがここへ、
事が終われば、わが骨は埋めてくれ』

まどろみから王は今や目覚め、
このシカから一つの教訓が得られた。
『おのれの命を捧げれば、他の者が倒れずに済むと?』
エドワルドは、そびえ立つ枝角を見据える。

『わが意思にして』とシカは言う、『わが定め。
危ぶんではいない。いずれ万事よし。
死などささやかな代価だ、命という賜物には。
その雌ジカが自らの妻ならばと考えたまでよ』

鬚《あごひげ》を引っぱりながらそのシカをにらみつけ、
エドワルドは言う、『自らここへ来るとは感心だ。

下々への配慮は、王のなすべきことだからな。
ゆえに真正なる教えへの報いとして、

汝とその群は自由放免ということにしよう。
汝が余に教えたように、他の者にも教えるがいい。
汝の一族を連れてゆけ。平穏に暮らすがいい。
みな免除だ。汝ら一族は解放ぞ』

しかし強きシカはその太い首を振る。
『おおヒトの王よ、この森はわがしとね、
群とともに離れれば、われらが行くと決めれば、
残されたものたちが苦しむ、それがわかる。

昼も夜も、そなたらの矢が飛んでこようぞ。
長年わが友たちが苦しみ叫ぶだろう、
そのような犠牲で何が得られるのだと？
救ったはずの雌ジカと子ジカも散ってしまう』

『だがその他のシカどもは、汝の群ではなかろうに』
ハートは石のように身じろぎせず決然と立っている。
またもやエドワルドは鬚を引いてはねじる。
『促すのがうまいシカよ』と咳払いをする。

『汝の心の園は草が生えたままというわけか、
これは大きな教訓ぞ』と王は譲歩を見せる。
『この死の囲いから、あらゆるものを解き放とう』

『王よ』と返すハート、『確かに気高きヒトよ』

エドワルドも返答する、『ゆけ、平穏に暮らすがいい』
ところがシカはまたもそのまま解放されようとはしない。
重い沈黙、一匹のウサギが立ち止まり様子をながめる。
果たしてこの偉大なシカは、ここで何をしようというのか。

さあ聞いて、さあ聞いて、
このすばらしき物語を、
わたしのぼうやの生まれた日、
シカ王の栄光のお話を！

森じゅうが、どよめきながら見守っている。

『あまりに長く危険のただなかで生きたわれは、
わが友たちに圧し迫るものをこのまま捨て置けぬ。
程度はわからずともまだ苦しみがある限りは。

殺害や混沌や恐怖に狂おしいほどさいなまれる。
あまりに長くこうした感情とともにありすぎた。
われらが去れば、どの生きものが次の番だ?
体裁だけ取り繕っても、その裏に誉れはない。

際限も慈悲もなく、今に皆殺しにされようぞ。
血と骨で、土が育まれることになる。
森を捨てて、おのれだけは息災であれと?
おのれの繁栄のため、他の者が代価を支払うとは。

われらをみな解き放てば、情け深い王よ、
語り継がれ、自由が響き渡ることになろうぞ。
そなたが真に平穏を望むのなら、
シカのみを解放するだけでは足らぬのだ』

エドワルドは耳にしたことが信じられない。
後ろに控えている臣下の目も注がれている。
再び咳払いとため息。王はうなだれ始める。
『汝は、余らをみな農民にでもせんとするのか！
汝は教師で、余はその教え子というわけか。
ならば、みな自由だ。なるほど賢明ぞ。

これでおしまいだ。よし、なされようぞ。
狩りはこれまで。汝の勝ちだ。

臣下も余も、自ら伝えることをよく実践せねばな。
汝の教える知恵が何を引き替えにするかは知れたこと。
森じゅうが野に帰って自由にさえずることとなろう。
汝が鐘を鳴らした、音《ね》は鳴り響いておるぞ。

野の原を走れ、日の光を楽しむがいい、
長く生き、大きなものから小さなものに至るまで、
森じゅうの獣どものため、
成し遂げたことを噛みしめるがよかろう』

森林の奥深くでスズメがさえずっている。
ところがこの偉大なシカは走ってゆかない。
静かにその角《つの》を左右に振って、
ワシが滑空していくのをながめている。

ツバメがおどり、じゃれ合うのが見える。
木々のあいだには、ハヤブサ、フクロウ、カケス。
『鮮やかな翼持つ、空飛びたちを見るがいい。
あれほどまでに甘美に唄う、主の真の修道士たちを。

悲しいかな、陛下』と穏やかにそのシカが言う、
『ほどなくあのものたちはみな死ぬこととなろう。
王よ、そのわけを教えてはくれまいか？

そなたの投石器はこの空を切り裂こうぞ、
あのものたちにはあずかりも知らぬ敵意のために。
さきほど示した情け深さを再び見せるのだ。
半分のみ心を開くのではなく、
この九月の日に、鳥たちも自由に！』

『なんともはや！　余は強きものと思っていたが！』
と戦士王は唇を噛む、『だが汝は間違っておる。
偽善を押しつけて自らを曲げぬ頑固者ぞ』
ハートはひるまずに、その言葉に応答する、
『前に立って進むからこそ、荒れた道を舗装するのだ。

他のものが苦しめば、それで自分たちは幸せになれるものか？
まっすぐな道が曲がりはせぬ。
みなに広がらぬ限りは、平穏などない』

長身の王はその自慢の馬から下りる、
むろん剣にその力強い手をかけている。
まっすぐそろりとその偉大なシカへと近づき、
話しだす前に、地面へと唾《つば》を吐いた。

『ならば魚はどうだ？』とエドワルドは鼻で笑う。
『たとえばニジマスは、見逃されぬのか？』
王とハートは、目と目を合わせたまま立ちつくす。
『そやつらの自由のため、汝は動こうとはせぬのか？』

『賢きかな、偉大なる王よ、湖のこと、
池のこと、川のことまで考えるとは。確かに考えねばならぬ。
ゆらめく川へ命をもたらす、これら銀の泳ぎ手たちを、
みな、われらが見捨てることになるとするなら、

大海原の行く末の定めも死となって、
われらは呼吸さえも享受できぬものとなろう。
われらの頭にも重くのしかかるものになるやも、
おのれの死を望むようなものだからな。

それら物言えぬものたち、暗がりのなかのナマズ、
見事に川を遡ってくるサケの代わりに、われらが

話さぬとするなら、いったい誰にできようか？』
そのシカの目は射貫くようで、王も寒気を感じる。

『それだけで食べても野菜はうまいな？
穀物は？　果実は？　スコーンはどうだ？
これだけが余の食べうるものに思える。
ほかに滋養をつけられそうな元種《もとだね》はない。

汝のなさんとする厳しい取引に、余は慄然とするも、
ただ汝の考えにもあからさまな誤りはなし。
汝の言う筋道も、樫の古木のようにまっすぐ。
誰しもの平穏を求めるなら、確かに魚にも自由が必要ぞ』

大エドワルドは従者たちに呼びかける。
『余の領土全域に、法を改める触れを出すぞ。
この日より生きとし生けるものはみな自由。
今や開かれた余の心、目にはどこまでも見える。

余と同じく害を恐れるあらゆる生きものに対して、
これは余の真なる願いであり、とこしえの律令。
何ものも狩られず、罠もなく、殺されもせぬ。
余のあらゆる子らにもこれを遺志として継ぐ』

エドワルドは、強きものハートに向き直る。
『シカよ、これを始まりと見てくれような。
満足か？　汝はこれで平穏に呼吸できるか？

今となっては森のいずこでも狩られまいぞ』

ハートが嬉しそうに森をぐるりと見回すと、
鳥はみな、空が玩具であるかのごとく飛び、
リスやキツネ、そしてアヒルでさえも、
その幸いをさざめき大声で笑っていた。

強きシカの目から涙が流れた。
『いかにも』と肩から大きく息を吐く。
涙ひとしずくに地面が映る。
誰しも価値があることが示されたのだから。

その大きな枝角に宿った四十四羽のスズメが、

襲われる恐れもなくこの調べをさえずって。
そうして幼い子ジカのように飛び跳ねて、
まさにこの草地を走り回って。

『全門開放だ』とエドワルドの声が響き渡る。
ほがらかに柵が地面に押し倒される。
シカたちは、羽のごとく軽やかに方々へと走り去る。
エドワルドの心は空模様のようにあたたかで。

そののちエドワルドがなすべきつとめとして
建てたのが、この屋根のついた環状の石柱群、
これがあればみな喜んで思い出して唄い合える、
この『四十四枝のアカシカの物語詩《バラッド》』を」

「ほんと？」とささやく子ジカ、「おかあさんとぼくがここに？」
その声は小さくて母親にもかろうじて聞こえるくらい、
息子の脚はそわそわ跳ねて落ち着かない。
「ぼくらは、偉大な王様に救ってもらえたの？」

「そうよ、あなたはその昼下がりに生まれたの、
ここ、この草の上で、まもなくすぐに。
想像してごらんなさい」とシカの母親が言う、
「それこそおおぜいの生きものが優しくし合うところを」

その幼い子が言う、「おねがい教えて、おかあさん、
いずれ万事よし、と言った偉いアカシカのことを。

アカシカの王様、四十四枝の雄ジカ、
エドワルドの暴虐を終わらせたかたのことを」

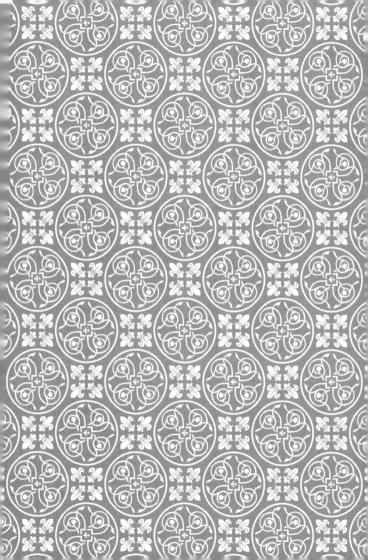

騎士たちへの謝辞

モハメド・アリ、A・H・アルマース、マルクス・アウレリウス、サリヴァン・バルー、シーモア・バーンスタイン、サム・クリーリー、砂漠の師父、「切なる願い《デジデラータ》」、エミリー・ディキンソン、ヴィンセント・ドノフリオ、フレデリック・ダグラス、ピーター・ドラッカー、ボブ・ディラン、ドワイト・D・アイゼンハワー、ラルフ・ウォルド・エマーソン、ローレンス・フィッシュバーン、E・M・フォースター、ヴィクトール・フランクル、チャールズ・ゲインズ、ハワード・L・グリーン、レズリー・グリーン・ホーク、ウディ・ガスリー、ダーグ・ハンマルフェルド、ジェームズ&ゲイ・ホーク、ライアン・ホーク、ロバート・ヒューズ、ヴィクトル・ユーゴー、キャサリン・イングラム、イーライ・キーフ・ジャクソン、ノリッジのジュリアン、ジョン・キーツ、マーティン・ルーサー・キング・ジュニア、老子、マザー・アン・リー、C・S・ルイス、リチャード・リンクレイター、ヴィンス・ロンバルディ、ジョージ・ルーカス、ネルソン・マンデラ、レイフ・マーティン、トマス・マートン、ティク・ナット・ハン、アンドリュー・ニコル、アナイス・ニン、ユージン・オニール、ジョゼフ・パップ、聖パウロ、リヴァー・フェニックス、ヘザー・パワーズ、パトリック・パワーズ・ジュニア＆シニア、ブランチ・リッキー、ポール・ロブスン、カール・ロジャーズ、エレノア・ルーズベルト、ウィリアム・シェイクスピア、ジョナサン・マーク・シャーマン、サー・トム・ストッパード、マザー・テレサ、J・R・R・トールキン、アマンダ・プリースト・ヴァンデヴィア、カート・ヴォネガット・ジュニア、ジェニファー・ルドルフ・ウォルシュ、シモーヌ・ヴェイユ、ジェサミン・ウエスト、ウォルト・ホイットマン、テネシー・ウィリアムズ、そしてもちろん、アーサー王に。

いずれ万事よし

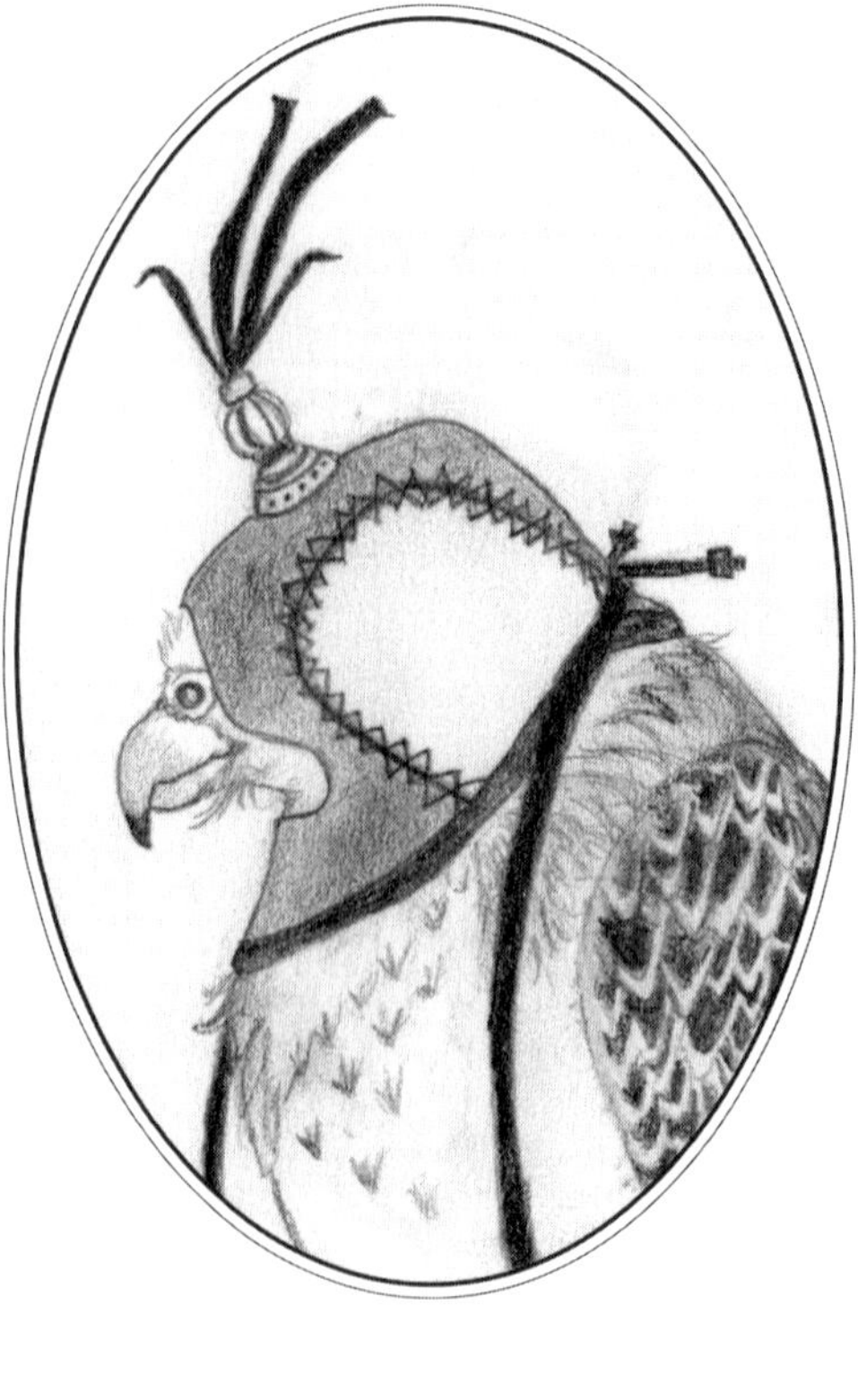

訳者あとがき

八月のある晴れた涼やかな日、わたしは川べりにあるごくごく狭い草地で佇んでいた。木々の奥には鉄塔が見えるが、それ以外の建物が見えるわけではない。野原のかたわらには、リンゴの圧搾に使われたという中世の石器遺物が残っているだけで、一面何もない草むらと青空である。

この地の名はスローターブリッジ古戦場――本書冒頭で触れられる通り、この作品の語り手である英国十五世紀の騎士トマス・レミュエル・ホークが戦死したとされる場所だ。現在ここは私有地になっており、この場までやってくるにはいくつかの敷地を通り抜けなければならない。

道行きを逆順にたどってみよう。古戦場の入口を出て私道を渡ると、林を抜ける小径があり、やがてアラン川という別の小川を越える橋が見えてくる。

その先は丘になっていて、発掘調査中の十三世紀の家屋跡があり、さらに進んで下ってくと、原っぱのあいだに受付と喫茶店を兼ねた小屋が現れる。つまりれっきとした観光地であるわけだ。

看板には〈アヴァロンの谷間〉とある。アヴァロンとは英国伝説上の輝ける王アーサーの遺体が眠る島であるから、ここコーンウォールによくあるアーサー王関連の景勝として売り出されていることになる。そしてさきほどのスローターブリッジ古戦場にも、観光地らしい名前が別に付けられている。その名も〈カムランの丘〉――アーサー王が討たれた戦場のことであり、ヴィクトリア朝時代の詩人アルフレッド・テニソンがこの草原を見て、まさにカムランの丘だと感激したことに拠るという。

本作『Rules for a Knight: The Last Letter of Sir Thomas Lemuel Hawke』(Knopf: New York, 2015)は、文芸に造詣も深く実際いくつもの小説を手がけてもいる俳優イーサン・ホークが、アーサー王物語などの中世騎士道物語をモデルにしつつ、道徳譚の影響もある旧来の騎士道精神の寓話を一種のセルフ・ヘルプに捉え直して、二十の騎士の掟を語り手の半生の挿話とともにまとめ上げた(元は)子ども向けのショート・ストーリー集である。

幼いころから〈騎士道精神〉に魅了されてきたホークだが、執筆の構想自体は出版に先立つ七年ほど前からあったという。継親用の子育て本を読んでいた妻と何気なく交わした会話から、「わが家のルールとは?」という話題になり、そこで難しいルールでもわかりやすく楽しくなるよう冗談のつもりで騎士道を出発点にしたのだと、ホークは『ニューヨーカー』や『CTVニュース』のインタビューで答えている。そこから少しずつ掟が付け加えられ、最初はクリスマスに自分の子に配るだけだったが、そのあと友人たちにも贈るようになったらしい。

騎士道を軸に据えることで、子どもにとって「善人であることがクールに」見える、そして「善人を目指すことがクールに」思えるようになる、というのがホークのねらいの一つだ。さらに『グローブ＆メール』の取材にたいしては、九・一一以後の世の中で、宗教の違いを超えて（クリスチャンとして育てられたホークがあえて神を語らずに）子どもたちに道徳を教えるためにも、あらためて騎士道を題材にした作品の執筆に挑んだのだという主旨の話をしているし、CBCラジオのカルチャー番組『Q』でもやはり、特定の教義に結びつく聖典や説教ではないかたちで倫理観を教えられないかと模索したことを語っている。

こうした伝え方が自然に見えるよう、ホークはさまざまな文学的な仕掛けを本作に応用している。この作品では、騎士である父親からの手紙という形式で子どもに道徳・倫理を伝えているが、この書簡体で（師から弟子へ）知識を伝える作品は古代ギリシア・ローマの昔からあるものだ。直接のインスピレーションとしては南北戦争時にサリヴァン・バルーという人物が戦闘前に書き送った手紙を参考にしたそうだが、もちろん離婚のためにホークと離れて暮らしている子どもたちのために、親としてできることを考えた結果が〈手紙〉のかたちに結実したという側面もある。

また実家に残されたケルノウ語（コーンウォール語）で書かれた古文書を学者の協力を得て再構成したという設定も、〈疑似翻訳〉というこれも古くからある伝統的な文学形式である。このコーンウォール地方・半島とは、英国本島の南西、つまりそのグレートブリテン島を（よく喩えられるように）背を見せたウサギと考えたとき、左足の先のあたりにある地域で、俗に〈ケルト〉とも言われる古代からの独自の文化が残っている地だとされ、多くの伝説・伝承がここに結びつけられている。そしてこの地の言葉であるコーンウォール語は、中世中期から末期まで現地語として栄え、アーサー王伝説の一部もその言葉で残されている（たとえばそのひとつ『マーリンの予言』には十二世紀コーンウォール語で書かれた古写本がある）。しかし本作の主人公が亡くなったあとの十六世紀には弾圧されて当地では英語使用が強制されてしまい、やがてこの地域も近世の英国という海を股にかける国家へ統合され、騎士そのものの時代も終わってゆく。

イーサン・ホークと妻ライアン・ホークは、コーンウォールの歴史もしっかり調べたようで、この物語でちょうど中世の終焉、コーンウォール語の廃止、そして騎士道の終わりという三重の最後に加えて、舞台にアーサー王の最期の地まで選んでいるのは、むろん偶然ではないだろう。何層も重なった終わりの向こうに、想像の余地を巧みに見つけたわけだ。

ただしホーク自身がインタビューで語っているように、考証を優先させたわけではなく、あくまで子どもが読んで楽しめるファンタジーに仕上げられているし、もちろん大人が手にとっても人生訓として学ぶところのある作品だ。

イーサン・ホークはそのセカンド・デビュー作の映画『いまを生きる』で、転校生役として詩に親しむ秘密サークル「死せる詩人の会」に参加しているが、本書のテーマやたとえば第14の掟の記述などは、かの名作を彷彿とさせる。（現実でも映画でも）文学少年であった彼が、こうした作品をついに書き上げたことを思うと、一種の感慨を抱かずにはいられない。

実際のコーンウォールを旅しながら読み訳した本書が、読者のみなさんの心にも届けばこれに勝る幸いはない。

訳者識

『騎士の掟』特設ページ

コーンウォール風景案内　https://www.panrolling.com/books/ph/knight.html

■著者紹介
イーサン・ホーク（Ethan Hawke）
アメリカの俳優・作家・小説家・映画監督。これまでに4回アカデミー賞にノミネートされている（助演男優賞2回・脚色賞2回）。映画『いまを生きる』『リアリティ・バイツ』『ガタカ』『トレーニングデイ』、リチャード・リンクレイター監督の『恋人までの距離（ディスタンス）』の三部作と『6才のボクが、大人になるまで。』で主演をつとめ、近年では是枝裕和監督の『真実』にも出演している。また、小説『痛いほどきみが好きなのに』『いま、この瞬間も愛してる』（ソニーマガジンズ）の著者でもある。4人の子どもたちと、本書のイラストレーターで妻のライアン・ホークとともに、ニューヨークのブルックリンに在住。

■訳者紹介
大久保ゆう（おおくぼ・ゆう）
フリーランス翻訳家。幻想・怪奇・探偵・古典ジャンルのオーディオブックや書籍のほか、絵画技法書や映画・アートなど文化史関連書の翻訳も手がけ、芸術総合誌『ユリイカ』（青土社）にも幻想文芸関連の寄稿がある。既刊訳書に、ウィットラッチ『幻獣と動物を描く』三部作（マール社）、オーディオブック『〇〇分でわかるシェイクスピア』シリーズ、『H・P・ラヴクラフト 朗読集』1～3（パンローリング）など。近刊にル＝グウィン『現想と幻実』（青土社、共訳）。

2020年8月5日　初版第1刷発行

フェニックスシリーズ　108

騎士《きし》の掟《おきて》

著　者　イーサン・ホーク
訳　者　大久保ゆう
発行者　後藤康徳
発行所　パンローリング株式会社
〒160-0023　東京都新宿区西新宿7-9-18 6階
TEL 03-5386-7391　FAX 03-5386-7393
http://www.panrolling.com/
E-mail　info@panrolling.com
装　丁　パンローリング装丁室
組　版　パンローリング制作室
印刷・製本　株式会社シナノ

ISBN978-4-7759-4233-8